KB024550

| 태종호 시사평론집 |

평화직설

인류가 추구해야 할 최고의 가치는 평화다

평화를 원한다면 무기부터 버려라
그것이 비록 장난감일지라도

한누리미디어

그대, 진정 평화를 원하는가

그대여,
그대는 진정 평화를 원하는가
진정으로 그러하다면
평화라는 말을 함부로 하지 마라
평화라는 말은 이 세상에서 가장 위대한 말이다
평화라는 말은 인류가 단 한 번도 놓지 않았으나
단 한 번도 도달하지 못한 미증유의 말이다

그러기에 아무나 쉽게 할 수 있는 말이 아니다
그것을 이룰 수 있는 자만이 할 수 있는 말이다
그것을 누릴 수 있는 자만이 할 수 있는 말이다

평화라는 말을 함부로 쓰지 마라
지금 이 시간에도 세계는 전쟁 중이다
세계 곳곳에서 전쟁의 광풍은 지구를 할퀴고
증오를 키우고 인류유산을 파괴하고 있다
청년들이 전선으로 내몰려 붉은 피를 흘리고 있다
여인들의 가슴에 서릿발보다 찬 한이 쌓이고 있다
아이들이 길거리에서 굶주려 시들어 가고 있다

평화를 말하려면 먼저 사람을 생각하라
평화를 파괴하는 살상무기부터 버려라
사람들이 왜 전쟁으로 죽어가고 있는가
수백만 난민들이 무슨 잘못이 있어 떠돌고 있는가

강자들이여, 대답하라
누구를 위해 평화를 내세우고 있는가
무엇을 위해 평화를 포장하고 있는가
첨단무기가 많아지면 평화가 오는가
살생무기를 만들어 무엇을 얻으려 하는가
그대들은 평화의 진정한 의미를 알고나 있는가

인류 상생의 숭고한 정신과 신념과 의지
이를 당장 실행할 수 있는 용기와 결단이 없다면
지구촌 지구가족이라 함부로 말하지 마라

인종도 이념도 종교마저도 구별이 없는
태양 아래 온전히 벌거벗은 맨몸이 되어
세상 사람이 똑같은 한 사람으로 보이게 될 때

그때가 되면
우리 함께 평화를 이야기하자
우리는 하나이고 우리는 지구가족이라고

온누리에 평화가 깃들기를 기원하며

京山

새 역사를 꿈꾸며

여명이 밝아오는 새해 아침
뜰 앞에 서서 그 찬란함을 맞는다
성큼성큼 거침없이 다가오는
귀한 손님 어찌 맞이해야 할지
마음은 설레고 맥박은 요동친다
엄동의 설한풍을 헤치며
한반도를 찾아온 새 손님에게
따뜻한 차 한 잔 대접할 겨를도 없이
손부터 불쑥 내민다

오랜 세월 찌든 숯덩이 된 가슴
염치도 내려놓고 체면도 접어둔 채
서둘러 소원의 촛불부터 밝힌다
자유와 평화, 평등과 박애,
소통과 화합, 웃음과 희망,
스쳐가는 단어들만 머릿속을 맴돌 뿐
입술은 천근 같이 무겁다

새가 하늘로 비상하며 노래한다
바람도 다가와 명쾌하게 말한다
머뭇거리지 마라. 망설이지 마라
휴전선 푯말도 뽑아버리고
임진강 물길도 열어젖히고
백두대간에 새 길을 만들어
대륙으로 해양으로 내달리라고 한다
거룩한 '홍익인간(弘益人間)' 하나만
오롯이 가슴에 품으라 한다

동포여! 겨레여!
우리 함께 꿈을 꾸자
해가 중천에 떠오르고
둥근 보름달이 차오를 때까지
마음의 빗장을 풀고 빌어보자
南과 北이 손 맞잡고
한반도 새 역사 다시 쓰게 해달라고.
부디 팔천만이 하나 되어
평화민족 꿈 이루게 해달라고
두 손 모아 간절히 기원해 보자

단기 4355년 서기 2022년 壬寅元旦에

京山

대한민국 20대 대통령 선거열기가 고조되고 있는 2022년 임인년 새해 벽두에 이 글을 쓴다. 『통일직설』의 서문을 쓴 지 어느덧 다섯 해가 지났다. 당시를 회고해 보면 2017년 정유년 3월, 그때도 남쪽에서는 19대 대선을 목전에 두고 있었고 북한의 계속된 핵미사일 위협과 미국 트럼프 정부의 극한대응이 최고조에 달해 험악한 말 폭탄과 대규모 군사압박으로 한반도에는 일촉즉발(一觸卽發)의 전운이 감돌고 있었다. 한반도 해역에는 21세기형 첨단무기가 장착된 전함(戰艦)들이 속속 배치되고 북미의 감정대립은 한 치의 양보 없는 '치킨게임'으로까지 격화되었다. 국민들은 '4월 위기설'과 함께 이 터전이 또 다시 화염(火焰)에 휩싸일까 봐 긴장의 끈을 늦추지 않고 조바심했다.

이 같은 긴박한 한반도의 위기상황이 1년 가까이 지속되다가 이듬해인 2018년 무술년 새해 북한의 '평창동계올림픽' 참가를 계기로 극적인 반전(反轉)이 일어나 남북미(南北美)의 대화통로가 열리게 되었다. 그랬다. 2018년 봄, 한반도에는 일찍이 볼 수 없었던 희망과 상생의 기운이 넘쳐났고 판문점은 세계가 주목하는 명소로 탈바꿈했다. 4월 27일 판문점 남북정상회담을 시작으로 6월에는 싱가포르에서 70년 만에 북미정상이 만나는 등, 세 차례의 남북정상회담과 북미정상회담이 연쇄적으로 이어졌다. 당장이라도 마지막 남은 냉전지역 한반도에서 전쟁이 종식되고 '평화체제'가 도래하는 것처럼 보였고 세계평화의 서광 또한 비치는 듯했다. 그러나 5년여의 시간이 흐른 지금 지구촌 형세는 또 다시 예측불허의 소용돌이에 휩싸여 있다. 세계 곳곳에는 하늘과 땅과 바다 전역에 걸쳐 팽팽한 긴장상태가 지속되고 국제질서는 균열이 생겨 심각한 혼돈(混沌)의 늪 속으로 빠져들고 있다. 인류가 갈망하는 평화와 상생의 목소리는 갈수록 잦아들고 가공할 살상무기를 앞세운 적자생존(適者生存)의 논리만 분별없이 횡행하고 있다. 세계 각처에서 자원과 부(富)의 편중현상이 도를 넘어 물 한 모금, 한 끼 식사조차 얻지 못하는 극빈층은 늘어나고 갈등과 분쟁은 나날이 쌓여 가는데 이 절실한 문제에 주목하거나 해결할 중심세력은 그 어디에도 보이지 않는다.

강대국들은 지구촌 편 가르기와 자국우선주의에 매몰되어 인류평화에 대한 철학(哲學)이나 책임의식은 실종되고 정치적 군사적 분열과 혼란만 부추기고 있다. 내부적으론 인명살상용 무기개발에 매달리고 자원을 독점해 무기화하는 독선과 탐욕으로 얼룩져 있다. 인류의 생존과 미래가 걸린 환경과 기후, 빈곤이나 인권문제 같은 난제에 대해서는 지지부진 외면하고 있다. 인류평화(人類平和)와 안정을 도모키 위해 결성된 유엔마저 제 기능을 상실한 무기력한 집단으로 전락했고 종교마저도 제구실을 하지 못하면서 세계는 마치 제동장치가 풀린 폭주기관차가 되어가고 있다. 이는 자연의 섭리와 역사의 흐름에 역행(逆行)하는 매우 위험하고 불행한 일이다.

한반도 상황 역시 암울하기는 마찬가지다. 남과 북은 냉전의 최전선에서 대립하며 인적 물적 교류는 물론이고 대화마저 단절된 채 민족의 동력과 시간만 허비하고 있다. 남(南)에서는 미래지향적 '국론통합(國論統合)'이나 자주적 '외교원칙(外交原則)' 하나 제대로 정립되지 않은 채 외세(外勢) 의존의 유혹에서 벗어나지 못하고 있고 북(北)에서는 남북의 '상생번영(相生繁榮)'이라는 확실한 미래 청사진이 눈앞에 있음에도 이를 외면하고 습관처럼 미사일만 쏘아대는 엇박자를 내고 있다. 광복 100주년이 눈앞인데 아직도 영토는 물론이고 국민, 주권 모두 미완성으로 남아 있다. 다른 분단국들은 이미 통일을 이루어 무섭게 도약하고 있는데 우리는 아직도 낡아빠진 분단 이데올로기 속에 갇힌 채 미몽(迷夢) 속을 헤매고 있으니 어찌 안타깝지 아니한가. 이러다가 통일과 독립을 완성하지 못한 채 휴전 100년이라는 역사의 부끄러운 오명(汚名)을 남길까 봐 답답한 마음만 가득하다.

　남과 북은 더 이상 실기(失機)하지 말고 한반도 '평화통일'을 완성하는 데 지혜를 모아야 한다. 21세기 우리 겨레가 함께 손잡고 풀어야 할 가장 중요한 시대적 과제는 안정적 평화와 조국통일이다. 더 이상 무의미한 대립으로 민족의 힘을 소진시켜서는 안 된다. 분열과 갈등, 이념과 정파, 인종과 종교를 초월했던 3.1혁명 정신과 홍익인간(弘益人間)이라는 건국이념을 되살려 한반도를 냉전의 전초기지가 아닌 평화의 중심지로 승화시켜야 한다. 그 바탕 위에 인류의 미래를 밝힐 '이화세계(理化世界)'의 대의(大義)를 세계만방에 천명하고 지구촌의 갈등과 파괴의 악순환을 막는 견인차가 되어야 한다. 평화민족임을 자부하는 우리가 나서 수천 년을 두고 하루도 빠짐없이 이어져 온 전쟁이라는 참혹한 역사를 지구상에서 영원히 종식시켜야 한다. 전쟁은 인간의 본성을 타락시키고 인류를 피폐하게 만드는 주범이다. 인명살상은 물론이고 고귀한 청정자연과 문화유산을 잿더미로 만드는 백해무익(百害無益)한 것이다. 야만성과 잔인성을 포함한 인간이 저지를 수 있는 악(惡)의 집합체가 바로 전쟁임을 우리는 이미 축적된 경험으로 알고 있다.

　전쟁에서 진정한 승자는 없다. 오직 파괴와 파멸만 있을 뿐이다. 세계는 더 늦기 전에 인류말살(人類抹殺)의 광란의 춤을 멈추어야 한다. 여기에는 강대국들의 책임이 절대적이다. 강대국들이 앞장서 핵을 포함한 첨단무기부터 내려놓고 인류평화, 인권존중, 자원분배, 문화창달과 같은 다양한 인류의 보편적 가치를 창출하고 지키며 공유해야 한다. 세계가 평화와 상생의 기치를 높이 들고 희망과 번영의 길로 함께 나아가기를 간구(干求)한다.

　단기 4355년, 서기 2022년, 壬寅 정월 초하루　　태종호 (서명)

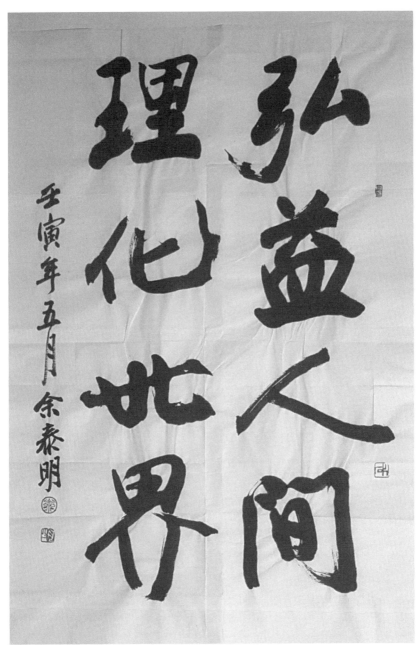

弘益人間 理化世界

壬寅年 五月 余泰明

효봉 여태명 교수의 출간 휘호

차례

제1부 한반도 평화통일을 위한 제언

| 제2부 | 북미회담과 한반도 평화체제 |

차례

제4부　전환시대 한반도의 대응전략

차례

제1부
한반도 평화통일을 위한 제언

남북정상 판문점 회담을 환영한다

2018. 03. 19

대통령특사로 김정은 위원장을 만나고 돌아온 정의용 청와대 국가안보 실장의 보고는 충격적이었다. 북한은 한국정부가 기대했던 수준을 훨씬 뛰어 넘는 선물보따리를 내밀었다. 결국 북한의 이 같은 결단은 남북정상 회담은 물론 북미정상회담 조기결정으로 이어졌다.

특사방문에서 남북이 합의한 몇 가지 사항 중 가장 돋보이는 것은 역시 북한이 비핵화 의지를 밝힌 것이다. 김정은 위원장은 조부 김일성과 부친 김정일의 유훈까지 내세우며 체제의 안전이 보장된다면 핵을 보유할 이유 가 없다고 했다.

미국 트럼프 대통령과의 정상회담을 통한 비핵화 논의도 제의했다. 또 대화를 하는 동안 핵실험이나 탄도미사일 시험발사도 없을 것임을 약속했 다. 한·미 합동군사훈련도 과도하지 않으면 시비 걸지 않겠다고 했다.

모든 것이 파격적이다. 예전과는 완전히 다른 양상을 보이고 있다. 이 같 은 북의 변화를 반기면서도 한 편으로는 속내를 전혀 알 수 없는 속전속결의 급격한 행보가 오히려 혼란스럽고 낯설게 느껴진다.

북한은 '핵보유국'임을 헌법 전문과 노동당 규약에까지 명시했다. 불과 얼마 전까지만 해도 핵무력은 협상이나 흥정의 대상이 아니라고 누누이 강변해 왔다. 대반전이 일어난 것이다.

그래서 아직은 북한의 핵포기에 대한 진의를 확신하기에는 이르다. 비핵화의 조건으로 내세운 체제의 안전보장이라는 것도 포괄적이고 애매하기는 마찬가지다. 북한의 획기적인 태도변화의 이면에는 피치 못할 사정이 내재되어 있을 수도 있다.

북한이 핵 · 경제 병진노선을 완성하기 위한 국면전환용 고도의 전술을 구사하고 있다고 생각할 수도 있다. 남북대화와 북미대화를 앞세워 북한체제의 안전을 담보하고 싶은 조건부 핵포기일 수도 있다. 중국까지 가세한 대북제재의 압박으로 인한 고립무원의 처지를 타개하고 싶은 절박함이 작용했는지도 모른다. 당연히 경계해야 할 대목이다.

그러나 반대로 진정성 또한 배제해서는 안 된다. 그 동안 핵실험과 미사일 발사에 사활을 걸고 있던 북한이 핵포기를 선언했다는 것은 어찌됐건 대사건이기 때문이다. 그 사실 하나만으로도 한반도 평화를 위해서는 대단히 고무적인 일이다.

드디어 꽁꽁 얼어붙었던 북미대화의 물꼬가 트였다. 25년 동안 끌어온 북핵 문제 해결의 입구에 선 것이다. 지금부터가 중요하다. 북한은 앞으로 그 진의를 의심받지 않도록 모든 것을 투명하게 행동으로 보여주어야 한다. 한 · 미 · 일과 국제사회는 북한이 핵을 완전히 포기할 수 있도록 여건 조성에 확실하게 협력해야 할 것이다.

또 하나 주목할 것은 4월말 판문점 정상회담이다. 불과 한 달여 밖에 남지 않았다. 이것 역시 예상치 못했던 일이다. 정상회담을 하려면 많은 절차와 준비가 필요한데 정상회담 일정과 장소도 마치 준비하고 있었다는 듯

일사천리로 결정되었다.

이처럼 순조로운 진행과 파격적 합의문이 나오기까지는 문재인 정부의 한반도 평화에 대한 노력이 있었다. 한반도에서의 전쟁 반대를 분명히 하고 평화를 지키기 위한 대북 대미 설득외교가 결실을 맺었다고 평가할 수 있다. 또 문재인 정부는 일관되게 북한과의 대화를 추구해 왔고 북한의 평창올림픽 참가를 끈질기게 요구했다.

마침내 김정은 위원장이 화답했고 평창동계올림픽에서 여자 아이스하키 남북 단일팀은 남북화해의 상징으로 자리매김했다. 평창올림픽 개막식을 전후해 북측 고위 인사들이 연이어 남쪽으로 내려와 호의적 메시지를 전했다. 국제사회가 지켜보는 가운데 남북 인사들은 민족적 동질성을 확인하는 모습을 보여주었다.

북에서는 사상 처음으로 소위 백두혈통이라 칭하는 여동생 김여정을 특사자격으로 내려보내 친서까지 전달하는 성의를 보였다. 문재인 대통령 또한 발 빠르게 대응했다. 정부의 주요 인사들을 특사로 파견해 북에 화답했다. 모든 것이 선순환으로 진행되었다. 이번에 나온 남북합의문은 남북 정상 간 신뢰회복이 만들어 낸 결과물이라 할 수 있다.

특히 3차 정상회담 장소를 판문점 평화의 집으로 정한 것은 대단히 환영할 만한 결정이다. 판문점 평화의 집이 남측지역인 것을 감안하면 1,2차 정상회담 모두 북한에서 이루어진 것에 대해 북한이 답방형식을 취한 것으로 볼 수 있다.

4월말 정상회담에서 김정은 위원장이 평화의 집에 오게 되면 분단 이후 북한 정상으로서는 처음으로 남한 땅을 밟게 되는 것이다.

필자는 이명박 정부 시절인 2011년 6월, 세계일보 칼럼을 통해 판문점 정상회담을 주창한 바 있다. 그것은 판문점 회담이 갖는 여러 가지 긍정적 측면이 많기 때문이다.

지금도 마찬가지다. 다시 한 번 복기해 보면 우선 서울과 평양에서 왕래하기에 편리하고 불필요한 논란과 번거로움을 줄일 수 있다. 무엇보다도 판문점이 갖는 상징성이다. 냉전의 마지막 장소에서 남북정상이 마주 앉는 사실 하나만으로도 세계의 이목을 끌기에 충분하고 그만큼 정상회담의 무게도 더할 것이다.

남북분단을 해소하고 한반도 평화와 통일을 앞당기기 위해서라도 남북정상은 자주 만나야 한다. 그리고 쉽게 만나야 한다. 그래서 판문점 남북정상회담을 적극 환영한다.

김정은 서울 답방의 역사적 의미

2018. 12. 17

　2차 북미회담이 진전 없이 변죽만 울리고 있는 가운데 관심은 김정은 위원장의 서울 답방에 쏠리고 있다. 9월 평양공동선언에는 김정은 국무위원장의 서울 답방 약속이 담겨 있다. 문 대통령이 그 내용을 설명하면서 가까운 시일이란 '금년' 을 의미한다고 했기 때문에 연말이 되자 이 문제가 다시 부각되고 있다. 문 대통령은 김 위원장의 답방에 대해 가능성은 열려있다며 의전과 경호에 대한 국민들의 협조를 요청했다. 청와대도 분주해졌다. 국빈 맞을 때 이용하는 상춘재(常春齋) 보수 등, 일련의 징후들도 김 위원장 답방이 초읽기에 들어간 것처럼 보인다.

　김 위원장은 2018년 올해가 일생을 통해 가장 잊을 수 없는 해로 기억될지 모른다. 그는 금년에 문재인 대통령, 트럼프 대통령과 함께 세계에서 가장 주목 받은 정치인이 되었다. 신년사에서 평창동계올림픽 참가 의사를 밝힌 것을 필두로 판문점 회담을 포함한 3차례의 남북정상회담, 3차례의 북·중 정상회담, 싱가포르에서 열린 사상 첫 북·미 정상회담 등, 파격적이고 화려한 행보를 이어왔다. 만약 연말에 서울 답방을 하게 된다면 대내 외적 권위를 높이고 다시 한 번 세계 언론에 주목 받는 화려한 대미를 장식 하게 될 것이다.

김정은 위원장의 서울 답방은 이루어져야 한다. 북한 군부세력의 반대나 남한의 강경세력까지도 설득하고 포용하는 통 큰 결단이 있어야 한다. 방 문 일정이 금년이냐 아니냐가 중요한 게 아니다. 북한 지도자가 약속을 지 키는 그 자체만으로도 역사적 큰 의미를 지닌다. 우리 국민들의 의식 속에 는 북한의 지도자는 약속을 지키지 않는 것으로 각인되어 있다.

그럴 수밖에 없는 것이 작은 약속의 파기는 차치하고 정상외교만 보더라 도 1994년 7월 25일~27일 김영삼 대통령과 김일성 주석의 사상 첫 남북정 상회담이 예정되어 있었으나 7월 9일 김일성 주석의 급서(急逝)로 인해 기 대했던 정상회담이 취소되고 말았다. 물론 사망으로 인한 불가피한 일이 었지만 사상 첫 남북정상회담이 무산되어 많은 아쉬움을 남겼다.

또 2000년 6.15 공동선언문에는 김대중 대통령의 초청으로 김정일 국방 위원장의 서울 답방이 명기되어 있었다. 그러나 이 약속도 김 위원장이 타 계할 때까지 끝내 지켜지지 않았다. 그리고 이번 9.19평양남북공동합의문 6항에도 김정은 위원장의 서울 답방이 뚜렷이 명기되어 있다. 이번에도 답 방 약속이 지켜지지 않는다면 그 무엇으로도 변명의 여지가 없게 된다. 그 러기에 김 위원장은 반드시 서울에 와야 한다. 방남 성과를 논하기 전에 약 속을 이행하는 것이 도리다. 이는 또 남북화해와 새로운 역사의 진전을 의 미하게 된다. 정상국가 지도자의 이미지 쇄신과 선대의 약속 불이행 오명 까지 씻어내는 일석삼조(一石三鳥)의 호기가 될 것이다.

김 위원장이 서울에 오게 되면 분단 이후 처음으로 남한을 방문하는 북 한 최고 지도자가 된다. 그 동안 남측에서는 3명의 대통령이 3번의 평양 방 문이 있었다. 이 같은 불균형 또한 특수한 사정을 감안하더라도 외교 관례상 정상이라 할 수 없는 매우 어색한 행보였다. 당연히 남한 국민들의 불신과 불만의 목소리가 높을 수밖에 없다. 김 위원장 답방에 남북정부가 가장 신경 쓰이는 것이 경호와 의전문제일 것이다. 김정일 위원장의 답방이 무산된 것도 경호문제가 가장 큰 걸림돌이었다. 의전 또한 지난 9월 문 대통령의 평양방문 때 보여준 평양시민들의 환대는 대단했다. 자발적이건 인위적이건 분에 넘치는 것이었다. 문 대통령의 고심이 깊을 것이다. 그러나 남한은 북한과는 체제가 다르다. 김 위원장이 유념해야 할 것은 방한 중 같은 눈높이의 환대나 의전을 기대해서는 안 된다. 김 위원장 본인의 말처럼 방한을 극렬하게 반대하는 세력도 존재한다는 사실을 감안하고 와야 한다. 이 모든 문제가 홍역처럼 언제라도 한 번은 치러야 할 과정이다. 따라서 이해득실을 따지거나 주저하지 말고 결행해야 한다.

  김 위원장의 답방은 잃는 것보다 얻는 것이 훨씬 많은 방문이 될 것이다. 남북평화의 분위기 조성은 물론 비핵화 의지를 보여줌으로써 교착상태에 빠져 있는 북미회담의 촉진제가 될 수 있다. 지난 5월 26일에도 '판문점 번개회담'으로 불리는 남북정상회담 후 삐걱거리던 북미정상회담을 살려낸 적이 있다. 이번에도 한미회담을 마치고 돌아온 문 대통령과의 남북정상회담을 통해 북미의 간격을 좁혀 비핵화의 진전과 한반도 평화를 얻는 기회를 만든다면 의외의 큰 성과로 기록될 것이다. 또 이번 답방을 성공적으로 마치게 되면 예정되어 있는 북미회담은 물론 북·중, 북·러 정상회담의 발걸음도 한결 가벼워질 것이다.

  정부는 김 위원장의 답방 시 경호도 중요하지만 지나친 통제로 남한의 발전된 모습을 볼 수 있는 절호의 기회를 날려버려서는 안 된다. 김 위원장 또한 답방기간 중 비록 짧은 일정이지만 민주주의와 시장경제의 참모습을 학습하는 기회로 삼아 되도록 많은 것을 보고 느끼고 체험하길 바란다.

국토의 혈관을 잇는 '남북철도 연결'

2018. 12. 24

　지금 북한에서는 남북철도 연결을 위한 공동조사가 진행중에 있다. 남북 공동조사단은 금강산~두만강 노선을 포함한 1,200km의 북측 선로와 터널, 교량 등의 시설상태와 안전성을 점검중이다. 이는 지난 4.27판문점 선언에서 남북이 합의한 것을 실행하는 것이다. 정부는 경의선과 동해선 철도 연결의 연내 착공을 목표로 제반 준비에 돌입했다. 그동안 걸림돌로 작용했던 대북제재에 따른 문제도 유엔 안전보장이사회 산하 대북제재위원회가 남북공동조사에 대해 대북제재 면제를 승인했고 미국도 이에 대해 강력 지지를 표명했기 때문에 남북철도 연결에 큰 문제는 없을 것으로 보인다. 남북관계 개선은 물론 2차 북미정상회담과 북한 비핵화 진전을 위해서도 매우 고무적인 일이다.

　이보다 앞서 지난 22일에는 중부전선 강원도 철원 '비무장지대(DMZ)' 내에서 분단 이후 처음으로 폭 12m의 남북군사도로를 연결한 바 있다. 내년 4월에 있을 화살머리고지의 유해발굴을 위한 지뢰제거와 인력장비 수

송을 위한 도로다. 비록 1.7km의 비포장도로에 불과하지만 한반도의 정중앙을 관통하는 도로 연결이라는 점에서 남북교류에 상징하는 의미는 크다. 이처럼 우리의 첨단 기술력을 동원해 경의선과 동해선, 경원선 철도와 도로가 연결되면 한반도는 70여 년 동안 막혀 있던 혈관이 비로소 제구실을 하게 되는 것이다. 한국은 지난 70년 동안 대륙으로 통하는 육로가 막혀 해운과 항공으로만 운송해야 하는 불편을 감수해야만 했다. 이념의 장벽에 막혀 섬이 아닌 섬나라로 살아온 지 반세기가 훌쩍 넘었다. 이젠 도약을 위한 또 다른 승부수를 띄워야 할 시점이다. 그것은 과거 우리의 영토였던 대륙으로 진출하는 일이다. 광개토대왕과 대조영이 보여준 것처럼 전 국민의 대승적 발상의 전환이 필요하다.

1960년대 단군 이래 최대의 토목공사라 불리었던 '경부고속도로' 건설은 아직도 '산업화시대'의 신화로 회자되고 있다. 대한민국 경제도약의 발판을 마련한 것이 경부고속도로 건설이었다고 해도 지나친 표현은 아니다. 하지만 당시에는 경부고속도로 건설을 둘러싸고 찬반논란이 거셌다. 정부 수립 이후 있었던 대규모 토목공사 중 가장 극심한 반대를 받은 사업이 바로 경부고속도로 건설사업이었다. 그러나 현재 그에 대한 일반적인 평가는 후하다. 고속도로 건설을 통해 물류의 이동과 수출 등에 힘입어 경제발전에 크게 기여했다는 것을 부인하는 사람은 많지 않다. 그때의 축적된 기술력으로 전국이 거미줄처럼 촘촘한 도로망을 구축하게 되었고 철도와 지하철, 교량, 터널 등은 세계 제일을 자랑하며 지구촌 전역에 진출해 있다.

세계는 지금 무역전쟁중이다. 무역에서 승리하려면 물류의 흐름이 원활해야 하고 물류의 흐름을 원활하게 하려면 교통망 확보가 우선이다. 교통망 확보가 무역전쟁의 승패를 좌우한다고 해도 과언이 아니다. 그러기에 강대국들은 비난과 반발을 무릅쓰고 물류 요충지 선점을 위해 전쟁까지 불사하고 있다. 중국의 일대일로가 그렇고 러시아의 크림반도 탈환이 그렇다. 미국의 사우디아라비아 감싸기 또한 예외가 아니다. 이란이나 쿠웨이트를 둘러싼 분쟁이나 중동에서 소위 종교전쟁이라 일컫는 갈등도 자세히 들여다보면 종교전쟁을 가장한 물류와 자원 요충지 확보 전쟁임을 알 수 있다.

미국 우선주의를 내세워 패권을 노리고 있는 미국과 G2를 앞세워 '중국몽(中國夢)'을 실현하고자 하는 중국과의 무역전쟁은 갈수록 치열하게 전개될 것이다. 미국은 중국이 더 이상 부상하는 것을 결코 용인하지 않을 것이며 중국 또한 결코 만만히 물러서지 않을 것이기 때문이다. 한국 경제는 '안보와 경제'에 묶인 채 두 고래 싸움에 새우등이 될 수밖에 없다. 제자리만 맴돌고 있는 현 경제난국도 결국 산업경쟁력 약화에 따른 것이다. 한국이 비정한 약육강식의 무역전쟁에서 살아남으려면 새로운 길을 열어야 한다. 그 첫째가 지속가능한 성장 동력을 찾아 교통망을 확보하는 일이다.

남북철도 연결은 한국 경제의 도약과 남북경제공동체 건설의 시작이 될 것이다. 남과 북이 합심해서 광활한 대륙으로 통하는 교통망을 구축해 국토의 대동맥을 요동치게 해야 한다. 그리 되면 민족공동체 회복에 한 걸음 다가서게 되고 한반도가 차지하는 위상 또한 크게 달라질 것이다.

남북철도 연결 하나로 우리 민족이 체감하는 심리적 상승효과는 수치로 계산할 수 없을 만큼 방대하다. 자원과 물류를 통한 경제적 부수 효과 또한 상상을 초월할 것이다. 앞으로 우리가 지향해야 될 조국통일과 동북아의 경제공동체, 평화공동체를 이끄는 원동력으로 작용하게 될 것이다.

한반도의 화해무드를 간파한 미국을 비롯한 외국 기업들은 이미 북한을 기웃거리고 있다. 21세기는 무한경쟁시대다. 우리 국토라 해서 멈칫거리고 있을 여유가 없다. 훗날 우리시대 남북철도 연결이라는 작은 주춧돌 하나가 한반도를 명실 공히 세계의 정치, 경제, 문화의 중심축으로 만들었다고 자랑하는 날이 분명 오리라 믿는다.

대북 인도적 지원 망설이지 말아야

2019. 06. 17

　최근 북한의 식량사정이 심각한 것으로 알려지고 있다. 이는 북한 경제의 구조적인 탓도 있지만 장기간의 가뭄과 홍수로 인한 수확량 저조가 결정적 원인이다. 여기에다가 강한 대북제재 또한 이를 가중시키고 있는 것으로 보인다. 유엔식량농업기구(FAO)와 세계식량계획(WFP)의 발표에 따르면 북한의 식량부족량이 올해에만 대략 148만 톤 정도가 된다고 한다. 이는 북한 인민들이 기아상태에 이를지도 모르는 매우 위험한 수치다.

　설사 그 정도는 아니라 해도 상당한 어려움에 처할 것은 틀림없다는 것이 전문가들의 분석이다. 물론 북한의 식량사정이 원활치 못한 것은 어제오늘의 일은 아니다. 하지만 금년 상황은 지난 10년 이래 최악이라고 한다. 1990년대 수많은 아사자가 발생했던 때를 떠올리게 된다. 상황이 이렇다면 누구라도 관심을 갖고 도와야 한다.

　정부가 5일 국제기구(WFP), 유니세프에 식품, 의약품 등, 800만 달러의 대북공여를 결정했다. 이는 매우 적절한 조치로 평가된다. 차제에 독자적 대북식량지원도 추진을 고려할 필요가 있다. 정부차원의 대북 인도적 지원은 문재인 정부 들어서 처음 있는 일이다. 박근혜 정부 때인 지난 2015년 12월 유엔인구기금(UNFPA)의 북한 사회경제인구 및 건강조사 사업에 80만 달러를 공여한 이후 만 3년 6개월만이다. 그동안 대북지원은 전혀 이루어지지 않았다. 북한의 핵실험과 미사일 발사에 따른 대북제재가 진행 중이었고 남북관계의 경직과 국내외의 부정적 여론 등에 막혀 있었기 때문이다.

지금도 대북 지원을 두고 국내에서는 찬반양론이 여전히 맞서고 있다. 인도적 지원에 반대하는 쪽은 유엔과 미국의 대북제재를 위반하면서까지 지원할 필요가 없다고 한다. 더구나 식량은 전략물자이기 때문에 적에게 전략물자를 주어서는 안 된다고 항변한다. 또 북한이 인도적 지원을 거부하고 있기 때문이라는 논리를 펴고 있기도 하다. 그러나 인도적 지원은 생존권이 달린 문제다. 인류가 보편적으로 추구해야 할 가치인 것이다.

아무 조건이나 대가가 없는 순수한 개념으로 접근해야 한다. 이념이나 국적, 인종, 또는 그 어떤 것으로부터도 우선되어야 한다. 지금 북한은 세계를 향해 어려움을 호소하고 있다. 또한 비핵을 선언하고 북미 정상간 대화가 진행 중에 있으며 남북관계 역시 획기적 변화를 맞고 있는 시점임을 고려하면 망설일 필요가 없다.

대북 인도적 지원이 때를 놓치게 되면 가장 먼저 타격을 받는 사람은 북한의 취약계층이다. 영·유아와 어린이 그리고 북한 동포들이 될 것이다. 통계에 의하면 영·유아의 영양 공급은 생후 1,000일이 가장 중요하다고 한다. 건강한 아이와 영양이 부족한 아이의 뇌를 비교해 보면 확연히 구분되는데 영유아시기에 영양이 부족하게 되면 돌이킬 수 없는 뇌손상을 입게 된다고 한다.

북한의 현재 상황이 이렇다면 누구라도 나서서 도와야 한다. 더구나 우리는 한 핏줄의 동포다. 우리가 이를 외면하거나 방관해서는 안 되는 이유다. 설령 인도적 지원에 대한 부정적 시각이 있다 해도 무조건 반대만 해서는 안 된다. 군사적 용도로 전환될 것이 우려된다면 철저한 모니터링 제도를 병행해 투명성을 보장하면 될 것이다. 국제기구를 통하는 방법도 있다. 그 외에도 찾아보면 방법은 얼마든지 있다. 결국 마음이 문제인 것이다. 이 문제는 인간으로서의 도리와 생존권 보호차원에서 접근해야 한다. 그러기에 대북 인도적 지원은 서둘러야 한다. 좌고우면하지 말아야 한다. 합당한 방법을 찾아 때를 놓치지 말고 지원해야 한다.

북한도 과거 1984년 남한에 대규모 수해가 발생했을 때 구호물품을 보내온 적이 있다. 이 같은 상호부조는 우리 민족의 오랜 전통이기도 하다. 이웃이 어려움에 처하면 조건 없이 돕고 일어설 수 있도록 발 벗고 나선 우리의 빛나는 미덕이었다. 이 같은 선조들의 지혜를 되새겨 보아야 한다.

오늘날 남북의 경제규모는 비교할 수 없을 만큼 차이가 난다. 하물며 내 형제가 굶주림에 처해 있는데 외면할 수는 없는 것이다. 때를 놓치게 되면 받지 못한 쪽이나 주지 못한 쪽 모두가 큰 상처로 각인될 것은 분명하다. 더구나 북한 주민들은 통일 후에 우리와 함께 살아야 할 구성원이라는 사실을 잊어서는 안 된다. 오늘의 대북 인도적 지원은 분단극복이나 민족의 동질성 회복에도 도움이 될 뿐만 아니라 통일 후에도 현명한 선택이었음을 말하게 될 것이다.

유엔 역시 본연의 책무를 다해야 한다. 북한의 식량난 호소를 흘려듣지 말고 지원여부를 조속히 결정해 인도적 지원에 앞장서야 할 것이다.

빛나간 북한의 통미봉남(通美封南) 전략

2019. 09. 11

언제부터인가 통미봉남(通美封南)이란 어색하고 생소한 사자성어가 자연스럽게 통용되고 있다. 미국과는 대화를 통해서 실리를 취하고 남한과는 대화를 단절한다는 북한의 외교 전략이다. 뒤이어 선미후남(先美後南)이란 말까지 만들어져 나돌고 있다. 북한이 미국과의 실무협상을 통한 정상회담이 끝나면 다음은 한국과 대화하게 될 것이란 낙관적 전망을 이름이다.

그러나 두 가지 말을 곱씹어 보면 소극적 타율 외교의 전형이다. 모든 문제를 우리가 주도하는 것이 아니라 북한에 끌려다니는 것으로 비치기 때문이다. 어쨌든 지금 북한은 통미봉남(通美封南)을 노골적으로 표출하며 이어가고 있다. 북한은 하노이 회담에서 일격을 당하고 미국을 향해 계산법을 바꾸라며 버티고 있다.

또한 3차 북미정상회담의 시한도 연말로 못 박았다. 그러나 미국의 대응역시 강경하다. 오히려 시종일관 북한이 먼저 변할 것을 요구하고 있다. 북한이 원하는 핵심은 비껴가며 북한이 화답하기만 기다리고 있다. 북한은 초조하고 답답하다. 전략을 바꿔 화살을 엉뚱하게 남쪽으로 돌리고 있다.

북한은 마치 분풀이를 하듯 5월 4일부터 9월 10일까지 단거리 미사일과 초대형 방사포를 열 차례나 발사했다. 무려 20발을 쏘아대며 남한을 겨냥한 것임을 공언하기까지 했다. 장거리 미사일을 피한 것은 미국과의 대화 여지는 남겨놓겠다는 것을 의미한다. 미국과는 대화의 판을 깨지 않으면서 한·미의 인내를 시험하는 한편 국내 강경파를 다독이는 일석이조(一石二鳥)의 실리를 취하는 전략이다.

외적으론 문재인 정부를 압박하고 미국과는 협상력을 높이기 위한 것이다. 내적으로는 대북제재로 인해 최악의 경제사정으로 흔들리는 민심의 결속을 꾀하고 비핵화에 불만을 품고 있는 군부의 동요도 달래며 미처 완성하지 못했던 각종 화력의 실험도 이 기회에 완성하겠다는 다목적 의도가 숨어있다. 여기에 트럼프가 장단을 맞추고 미·일·중·러가 경쟁이나 하듯 동시다발적으로 한국에게 공세를 퍼붓자 북한도 덩달아 이에 편승해 통미봉남(通美封南) 전략을 구사한 것이다.

그러나 이는 대단히 잘못된 선택이다. 북한은 결코 해서도 안 되고 성공할 수도 없는 중대한 실수를 범했다. 그 첫째가 최선을 다해 북·미를 연결시켜준 한국 정부를 배신한 것이다. 민족의 개념을 떠나 국가 간의 신뢰를 손상시킨 점이다. 북한이 아무리 한국을 배제하고 친서를 통해 미국과 직거래를 원하지만 한국의 도움 없이 북미협상이 생각대로 성사되기는 어렵다. 설사 성사가 된다 해도 동상이몽(同床異夢)의 간격을 좁히기는 더욱 어려울 것이다.

한국을 외면하는 것은 당장의 이익을 위해 가장 믿을 수 있는 우군을 버리는 어리석은 행위다. 소탐대실(小貪大失)의 징후는 이미 나타나고 있다. 70여 일을 침묵하다가 최선희 부상을 통해 대화 의사를 밝혔지만 아직도 오리무중(五里霧中)이다. 판문점 회동에서 약속했던 실무협상조차 열지 못하고 있다.

미국은 당근과 채찍을 들고 저울질 중이다. 북미의 줄다리기는 쉽게 끝날 싸움이 아니다. 자칫 3차 북미정상회담이 물거품이 될 수도 있다. 미국은 대화의 문이 언제까지 열려 있진 않을 것이라는 경고와 함께 한·일의 핵무장 이야기까지 꺼내들었다. 경색국면이 길어질수록 북한은 한국 정부의 역할이 절실한 상황이 될 것이다.

둘째, 동북아시아에 또 다시 이상기류가 엄습해 오고 있다. 북미가 한가롭게 기싸움이나 벌이고 있기에는 사태의 흐름이 엄중하다. 미·중의 패권다툼은 한반도를 중심축으로 점차 확대되고 있다. 한반도 상공에 미·일·중·러 네 나라의 전투기가 날아다니고 미국은 중거리핵전력조약(INF)을 탈퇴하자마자 한국과 일본에 중거리 미사일 배치를 계획하고 있다. 중국과 러시아를 압박해 북한 비핵화를 추동하고 중국을 제압하려는 것이다.

그러나 이 문제도 시작도 하기 전에 파열음을 내고 있다. 트럼프의 동맹 경시로 인해 한·미·일 공조는 원활하지 못하다. 일본은 미국을 믿지 못해 중국을 기웃거리고 있고 한국은 일본과 각을 세운 지 오래다. 세계 최대의 중거리 미사일을 보유한 중국 역시 한국, 일본, 호주를 향해 미국의 총알받이가 되지 말 것을 경고하며 벼르고 있다. 미·중의 신 냉전체제가 본격화 될 조짐을 보이고 있다. 그렇게 되면 한반도가 강대국들의 각축장이 될 공산이 크다. 한반도 평화체제는 물론 북한이 나아가려고 하는 경제도약의 꿈도 허상이 되고 말 것이다.

북한의 빠른 결단이 필요한 시점이다. 통미봉남(通美封南) 전략은 빗나간 잘못된 정책이다. 북한은 미사일 도발을 당장 거두고 통남통미(通南通美) 정책으로 전략을 수정해야 한다. 북한이 살 수 있는 길은 3차 북미정상회담의 성사와 성공이다. 그러려면 북한은 미국보다 한국과 먼저 대화하는 것이 현명하다. 북미가 직접 부딪치는 것은 위험부담이 너무 크기 때문이다. 하노이 악몽을 재현시킬 수도 있다.

　미국도 마찬가지다. 북한의 비핵화를 달성하려면 한국의 역할이 절대적이다. 중국이나 러시아 일본은 전혀 도움이 되지 않는다. 안보보좌관(볼턴) 한 사람 교체한다고 될 일도 아니다. 이는 지금까지의 북미대화 과정을 살펴보면 확인할 수 있다. 북미대화 교착 국면마다 한국이 나서서 숨통을 터주었다. 북한도 미국도 한국과 먼저 소통해야 한다. 그것이 북미대화를 성공시키고 한반도와 동북아시아의 평화를 견인하는 길이다.

김정은 · 트럼프 리스크에 대비해야 한다

2019. 11. 04

북미협상이 난항을 거듭하고 있다. 특히 북한은 작심한 듯 미국에 대해 '새 해법'을 요구하며 고삐를 바짝 조이고 있다. 스웨덴 스톡홀름 북미 실무협상 빈손 이후 북한이 일관되게 주장하는 것은 미국의 전향적 셈법이다. 확실한 체제보장과 제재완화의 실체적 방안을 요구하고 있는 것이다.

북한 김정은 위원장은 이례적으로 백두산과 금강산을 오르내리며 최후통첩성 발언을 쏟아내고 있다. 그동안 미국과 적대세력들의 대북제재로 인해 인민들이 감내해 왔던 인내와 고통이 이젠 분노로 변했다며 자력갱생을 천명했다. 새로운 길을 모색할 수도 있음을 내비친 것이다. 부위원장 김영철은 한 걸음 더 나아가 지금도 불과 불이 오갈 교전관계의 지속이라고 했다.

미국뿐 아니라 한국에 대해서도 압박의 강도가 혹독하리만큼 공세적이다. 대화 자체를 거부함은 물론 남북경제협력의 상징인 금강산 관광을 원점으로 되돌리고 있다. 선임자들의 잘못된 정책임을 통렬하게 비판하고 금강산일대의 남측시설을 들어내라고 지시하는 등 어느 때보다 단호한 봉미봉남(封美封南) 전략을 펴고 있다.

그러나 이 같은 언사들의 행간을 잘 살펴보면 북한 특유의 벼랑 끝 전술이 엿보인다. 엄포성 발언 속에 협상파기나 대화단절은 원치 않는다는 강한 메시지가 담겨져 있다. 북한 김계관 외무성 고문은 담화문을 내고 김정은 국무위원장과 트럼프 대통령의 굳건한 친분을 장황스럽게 재삼 강조했다. 또 의지가 있으면 길은 열리기 마련이라며 북미 두 정상의 친분관계가 북미 간 장애요인을 극복하게 될 것이란 희망적 전망까지 덧붙였다.

이는 북한이 3차 북미정상회담의 시한으로 못 박은 연말이 다가오자 초조함이 읽혀지는 대목이기도 하다. 신년사에서 밝힌 북한에 대한 미국의 전략자산배치 금지 등, 체제보장 문제도 막혀 있고 시급히 성과를 내야 할 경제문제도 제재에 막혀 꼼짝도 못하고 있는 실정이기 때문이다. 외적으로는 미국에게 대북제재 완화와 체제보장에 대한 결단을 얻어내기 위한 수단이고 내적으로는 만약 협상이 결렬될 것에 대비한 국력결집의 포석으로 보인다. 한국 정부에 대해서는 수동적 자세에서 벗어나 미국을 너무 의식하지 말고 단독으로 금강산 관광 등 대북 경협을 추진하라는 강한 압박인 것이다.

어쨌든 가장 당혹스럽고 초조한 사람은 미국 트럼프 대통령이다. 지금 미국 내에서는 대통령과 하원이 탄핵이라는 헌법적 대결을 벌이고 있다. 과반이 넘는 국민이 탄핵에 찬성하고 있다. 아마도 대선이 가까워질수록 공세는 더 거세질 것이다. 국제적으로 이미 신뢰를 잃은 트럼프는 고립양상마저 보이고 있다. 앞으로 전개될 이 폭풍들은 트럼프의 대외정책, 특히 대북정책에 미칠 파장이 만만치 않음을 보여준다. 트럼프가 아무리 협상의 달인이고 독불장군이라 해도 비등하는 여론의 홍수를 버텨내기는 결코 쉬운 일이 아니다. 이러한 환경이 북미 간 협상의 균형을 깨는 방향으로 작동하고 있다.

대선을 앞두고 유일한 업적으로 내세우고 있는 북한의 비핵화를 포기할 수도 없고 북한의 기세를 잠재울 마땅한 카드도 없다. 트럼프의 고민이 점점 깊어지는 이유다. 북한은 이 같은 트럼프의 약점을 파악하고 총공세를 퍼붓고 있다. 각종 미사일의 성능시험도 마쳤고 중국과 러시아의 뒷문도 열어놓았다. 미래가 불투명한 트럼프를 상대로 체제의 운명이 걸린 모험을 할 이유가 없다고 판단한 듯하다. 미국 대선 이후까지를 계산대에 올려놓고 있는지도 알 수 없다. 북한의 비핵화, 한반도 평화체제 모든 상황이 매우 불투명한 방향으로 흘러가고 있다.

한국정부의 발 빠른 중재역할이 그 어느 때보다 중요해졌다. 자칫 손 놓고 방심하다가는 지금까지 쌓아올린 공든 탑이 하루아침에 붕괴될 수도 있다. 북미를 상대로 최악의 경우를 대비해 적극적 외교를 펼칠 시점이다. 김정은의 연말 시계도 트럼프의 대선 시계도 속절없이 흘러가고 있다. 두 사람 모두 초조한 건 마찬가지다. 한국정부의 중재외교 여하에 따라 의외의 결실을 거둘 수도 있다는 사실을 명심해야 한다.

이수혁 주미대사의 말처럼 북핵문제는 갈 길이 멀기 때문에 일희일비하지 않겠다는 감성적 판단이나 일단 지켜보자는 방관자적 시간 끌기로는 문제를 해결할 수 없다. 소 잃고 외양간 고치는 우를 범하지 말고 발 벗고 나서야 한다. 대통령의 핫라인을 가동하든 특사나 친서를 보내든 목소리를 내야 한다. 북한의 과도하고 지나친 협상력 키우기에만 올인하는 것을 경계하고 약속을 손바닥 뒤집듯 하는 트럼프의 충동적 협상 파기결정에도 대비해야 한다. 남은 시간이 그리 많지 않다. 북미가 한두 차례 더 만나 극적 타결을 이룰지 김정은과 트럼프 누가 먼저 칼을 뽑아들지 아직은 아무도 모른다. 한국 정부가 이 모든 리스크에 침묵하거나 손 놓고 있어서는 안된다는 것은 분명하다.

남북, 평양 9.19공동선언 정신 되살려야

2019. 12. 02

남북관계가 단절을 넘어 위기로 치닫고 있다. 당국자간 대화도 막혀 있고 남북교류의 상징과도 같았던 금강산 관광은 시설을 철거해야 할 만큼 최악의 상황을 맞고 있다. 남북경협의 성공적 모델이었던 개성공단사업 역시 암울하긴 마찬가지다. 벌써 가동이 중단된 지 4년이 되어 가는데 재개는 물론 사업자체를 장담할 수 없는 상황에 처해 있다. 그야말로 급전직하(急轉直下)다.

남북은 지난해 판문점 정상회담과 평양 정상회담을 통해 남북관계의 획기적 변화를 이끌어 냈다. 봄에는 4.27판문점 회담으로 민족 동질성 회복의 계기를 마련했고 여름에는 사상 최초의 북미정상회담까지 성사되어 한반도에는 분단 70여 년 동안 한 번도 느껴보지 못한 평화통일에 대한 기대가 충만했다. 이에 탄력을 받아 가을에는 남북정상이 다시 평양에서 만나 9.19공동선언을 이끌어 냈다.

문재인 대통령이 김정은 위원장이 지켜보는 가운데 북쪽의 10만 군중 앞에서 우리 민족이 하나가 되어야 한다고 역설하는 이변이 연출됐고 두 정상이 백두산에 올라 손을 맞잡는 장면은 세계인들의 아낌없는 지지와 함께 진한 감동을 선사했다. 그 후 군사분야를 포함한 9.19공동선언의 각 분야별 실천적 방안들도 속도를 높여 진행되기에 이르렀다.

한 발 더 나아가 김정은 위원장은 올해 신년사에서 '아무런 전제조건이나 대가 없이 금강산 관광이나 개성공업지구의 가동을 재개할 수 있다'고 말함으로써 남북의 화해무드는 급물살을 탔다. 문재인 대통령도 신년 기자회견에서 이 제안을 크게 환영하며 금강산 관광과 개성공단 가동 재개에 대한 북한과의 어려운 문제는 해결되었다고 화답했다. 그렇다. 이때까지만 해도 남북관계는 돈독했고 우리 국민들 역시 금강산 관광에 대한 기대감이 높았다.

그러나 여기까지였다. 남북이 화려한 말의 성찬만 주고받았을 뿐 더 이상의 실천적 진전은 이루어지지 않았다. 특히 문재인 정부는 대북제재를 의식해 북한의 제의에 아무것도 호응하지 않았다. 미국의 눈치를 보느라 좌고우면(左顧右眄) 하는 사이 기회를 놓치고 만 것이다. 북한은 남쪽에서 발빠르게 조치를 취할 줄 알았다가 정작 이 문제는 제쳐놓고 '남북 평화경제' '비무장지대의 국제평화지대화' '올림픽 공동개최' 같은 뜬구름 잡는 이야기만 늘어놓자. 크게 실망했다. 더구나 하노이 제2차 북미정상회담까지 아무 성과 없이 끝나자 이때부터 북한의 태도는 완전히 돌변했다.

북한은 남한에 대한 일체의 기대를 접고 미국과 직거래를 택했다. 북미정상회담 시한을 연말까지로 정해놓고 특유의 '벼랑 끝 전술'을 구사하고 있다. 김 위원장이 전투기의 호위를 받으며 공중 현장지도를 하는가 하면 백마를 타고 백두산에 오르는 모습을 보여줌으로써 중대 결심을 암시하기도 하고 대륙간탄도미사일(ICBM) 시험발사나 핵실험 재개 등을 무기로 대선과 탄핵에 몰려 있는 트럼프 대통령에게 전방위적 압박을 가하고 있다.

경제문제 또한 자신들이 주도하는 새로운 활로를 찾아 방향전환을 한 것으로 보인다. 바로 관광사업의 활성화다. 대북제재하의 북한경제에서 실질적으로 단기간에 안정적인 외화 확보가 가능한 것은 관광사업이 유일하기 때문이다.

북한이 연간 외국 관광객 100만 명을 목표로 동서 해안선을 따라 건설 중인 원산 갈마지구를 비롯해 마식령스키장지구, 울림폭포지구, 석왕사지구, 통천지구, 금강산지구 등 6개 권역을 포함하는 '원산−금강산 국제관광지대'에 대한 큰 그림을 그려놓고 있다. 김 위원장이 금강산을 방문해 보기만 해도 기분이 나빠지는 너절한 남측 시설들을 싹 들어내라고 지시한 것도 바로 이 같은 정책변화의 발로일 공산이 크다.

그러나 북한의 이 같은 외골수 '배수의 진' 전략은 성공할 확률이 거의 없다. 특히 가장 중요한 파트너인 남한을 배제하고 나선 것은 큰 실책이다. 지금과 같은 북미의 대치상황에서 북한의 힘만으로는 경제 활성화도 어렵거니와 한국기업을 배제한 외국기업 유치는 더욱 어려울 것이다. 또 금년 말까지 3차 북미정상회담이 무산되면 북한은 당장 선택의 기로에 서게 된다. 김 위원장이 호언장담했던 '새로운 길'에 대한 고민은 갈수록 깊어질 것이다.

중국이나 러시아와의 협력관계도 비핵화를 전제로 한 북미대화가 진행 중일 때 위력을 발휘하는 것이지 북미대화가 무산되고 북한 비핵화가 물 건너가면 상황은 반전될 것이다. 트럼프 대통령 역시 한반도 문제에 매달릴 시간이 별로 없다. 올해를 넘기면 본격적으로 대선에 집중하게 될 것이기 때문이다. 당연히 한반도 문제는 표류하게 되고 어쩌면 2017년 당시의 원점으로 회귀하게 될지도 모른다. 북한은 또 다시 고립되고 비핵화를 무기로 야심차게 추진하려 했던 체제보장이나 경제도약의 꿈은 사라지고 불량국가의 오명만 남게 될 것이다.

북한은 지금 가장 시급하고 중요한 사실 하나를 망각하고 있다. 지금까지 북미간의 대화가 성사된 것은 한국의 역할이 있었기 때문에 가능했다는 사실이다. 4.27판문점 남북정상회담은 6.12싱가포르 북미정상회담의 바탕이 되었고, 9월 평양남북정상회담은 하노이 북미정상회담으로 이어졌다. 금년 6월 30일 역사적인 북미정상의 판문점 회동 역시 서울에서 있었던 한미정상회담이 윤활유가 된 것은 다 아는 사실이다. 지금까지 북미의 힘만으로 회담이 원활하게 성사된 적이 없다.

3차 북미정상회담 역시 한국의 역할 없이 성공하기는 어려울 것이다. 북한은 지금이라도 초심으로 돌아가 남한과의 대화의 문부터 열어야 한다. 한국 정부도 손 놓고 있어서는 안 된다. 어려운 국면을 해소하기 위한 특단의 조치를 취해야 한다. 문 대통령의 말처럼 한반도 평화를 위한 중대 고비가 남아 있다. 보다 적극적인 외교적 노력을 보여야 할 시점이다. 한반도 문제를 해결할 수 있는 주체는 결국 남과 북이 될 수밖에 없기 때문이다. 또한 그것을 실현할 수 있는 방법은 남북이 9.19평양공동선언의 정신을 되살리는 것에서 출발해야 한다.

남북이 풀려야 북미도 풀린다

2020. 01. 13

　2020년 새해가 밝았지만 한반도 정세는 시계 제로상태다. 북미관계, 남북관계 모두 교착상태가 해소되지 않고 장기화 할 조짐을 보이고 있다. 긴장수위만 고조되고 있을 뿐 꼬여버린 실마리를 풀 외교적 해법은 보이지 않는다. 북한은 또 다시 핵과 미사일을 꺼내들며 과거로 돌아가려 한다. 미국은 북한이 대화의 장으로 나오도록 유도하고 있지만 설득력이 없다. 북한이 레드라인을 넘지 않도록 군사적 경고와 유화책을 병행하며 상황관리에만 주력하고 있다. 중국도 마찬가지다. 한반도 긴장은 바람직스럽지 않다는 원론적인 수준에 머물며 추이를 지켜볼 뿐 북한을 움직이려 들지는 않는다. 이 중차대한 시기에 남과 북은 대화 자체가 단절된 상태다. 한국정부는 아무런 역할을 하지 못하고 있다. 남·북·미 세 나라가 돌파구를 찾지 못한 채 상대방이 먼저 움직여 주기만을 기다리는 형국이다. 한반도 평화 위험 수위를 조절할 수 있는 장치나 방안 역시 속수무책이다.

　북한은 연초부터 부쩍 백두혈통을 강조하며 체제결속에 나서고 있다. 북한이 지난 연말 예고했던 '크리스마스 선물'과 '새로운 길'은 없었다. 미국을 압박하기 위한 방편으로 큰소리는 쳤지만 실제로 행동에 나서기에는 위험 부담이 너무 크다고 판단했을 것이다. 그것은 북한 노동당 제7기 5차 전원회의에서 읽을 수 있다. 예년과 달리 이례적으로 나흘 동안이나 진행된 전원회의는 심각한 결의를 다지는 모습이 역력했다. 그만큼 북한도 현 상황이 불안하고 고민이 깊다는 방증이다. 아무리 압박의 강도를 높여도 미국이 셈법을 바꾸지 않으니 미국을 움직일만한 카드는 도발밖에 없다고 판단한 것이다. 결국 과거의 행동 패턴을 답습하려고 한다.

북한은 신년사를 대체한 전원회의 결정문에서 '핵 중단' 번복과 '자력갱생'을 선언했다. 정면 돌파를 택한 것이다. 요약하면 체제를 흔드는 외부의 침략 위협에 대비한 '전략무기개발사업'을 중단 없이 진행하겠다는 것이고 중국과 러시아를 배경으로 고강도 제재를 견뎌내겠다는 것으로 볼 수 있다. 핵·경제 병진 노선으로의 회귀가 '새로운 길'인 셈이다.

미국도 답답하기는 마찬가지다. 현재로서는 북한을 협상테이블로 끌어낼 마땅한 묘수가 없다. 더구나 시간은 트럼프보다 김정은에게 기울어져 있다. 트럼프의 고민이 깊을 수밖에 없는 이유다. 당근과 채찍을 들고는 있지만 어느 것 하나 선뜻 내밀지 못한 채 망설이고 있다. 미국 내 대북 압박 여론이 비등한 상황에서 북한의 비핵화에 대한 확신도 없이 제재완화나 체제보장에 대한 선물을 선뜻 내줄 수 있는 입장이 아니다.

그렇다고 북한이 핵실험이나 대륙간탄도미사일(ICBM), 또는 새로운 전략무기로 레드라인을 넘게 방치할 수도 없다. 만약 그렇게 되면 그동안 자신의 업적으로 내세웠던 성과는 물거품이 되고 만다. 이는 트럼프의 정치 생명과도 직결되어 있다. 코앞으로 다가온 재선 전략에 미칠 파장이 만만치 않기 때문이다. 북핵문제를 풀 결정적 한방은 없고 김정은에 대한 호의적 언사와 북한이 침략연습이라며 전면 폐지를 주장하고 있는 한미연합훈

런의 축소 같은 소극적 대응으로 일관하고 있다. 이마저도 새해 들어 강경론이 부쩍 고개를 쳐들고 있고 설상가상으로 이란까지 트럼프를 괴롭히고 있어 쉽지 않은 일이다.

그러나 지금도 늦지 않았다. 현재의 상황이 비록 엄중한 것은 사실이지만 해결책이 없는 것은 아니다. 북핵문제는 결국 외교적 해법만이 답이다. 남북미 누구도 예외일 수 없다. 국제사회 역시 평화적으로 해결하기를 바라고 있다. 한중일 정상회담에서도 대화와 협상을 통한 해결을 촉구했다. 중국과 러시아 역시 북한의 돌출행동은 원치 않는다.

북미는 국제사회의 목소리를 새겨들어야 한다. 북한은 외통수에 몰리기 전에 해결책을 찾는 게 현명하다. 가장 시급한 것이 남북대화의 문부터 열어야 한다. 북한의 통미봉남은 성급했다. 한국정부가 나서지 않고는 북미대화 재개는 어렵다. 열쇠는 한국정부가 쥐고 있다. 남북대화가 막히면서부터 북미문제가 접점을 찾지 못하고 있다.

미국도 발상의 전환이 필요하다. 지난 일이지만 풍계리 핵실험장 폐기 등 북한의 선제조치에 대한 미국의 상응조치는 미흡했다. 어느 한쪽의 일방적 요구만으로 합의에 이를 수 없다는 것은 상식이다. 특히 금강산 관광과 개성공단재개, 철도연결과 같은 비군사적 사업마저 제재의 족쇄를 채운 것은 미국의 실책이다. 한국정부도 미국을 의식해 이 문제에 소극적이었다. 동맹에 의존하는 것은 임시방편이지만 한반도 평화체제를 완성하는 일은 영구히 추구해야 할 우리의 과제다.

정부의 외교안보라인은 분발해야 한다. 북한이 대화의 여지는 남겨놓은 만큼 얼마든지 가능한 일이다. 한미가 머리를 맞대고 북한이 거절할 수 없는 조건을 제시해야 한다. 남북이 풀려야 북미도 풀리게 된다는 점을 잊지 말아야 한다.

남북관계 개선이 먼저다

2020. 07. 27

문재인 대통령이 11월에 있을 미국 대선 전 '3차 북미정상회담' 추진 의사를 피력한 바 있다. 또 국내 '외교안보라인'을 남북대화의 중량급 인사들로 전진 배치하는 파격적 인사를 했다. 새로 임명된 면면들을 보면 미국보다는 북한이 환영할 만한 인물들로 꾸려져 있음을 알 수 있다. 이는 장기간 교착상태에 놓여 있는 남북관계를 복원하려는 대통령의 강한 의지가 반영된 결과라 할 수 있다.

특히 개성 남북연락사무소 폭파 등 그 어느 때보다 과격하고 난폭한 행동을 보이고 있는 북한과의 관계를 풀어보려는 고육책이자 마지막 승부수로 보인다. 한 발 더 나아가 북미회담과 남북회담 두 마리 토끼를 다 잡겠다는 야심찬 계획을 세웠을 수도 있고, 어느 쪽이든 우선 불을 지피고 보겠다는 다급함이 반영된 행보로도 볼 수 있다. 하지만 현 시점에서 어느 것 하나 그리 녹록해 보이지 않는다.

문제는 북한이다. 북한은 모든 책임을 남한에 덮어씌우고 있다. 일단 군사행동을 자제하고 관망하는 태도를 보이고는 있지만 언제 돌변할지 모른다. 아마도 8월에 있을 '한미합동군사훈련'이 변수가 될 전망이다.

이에 비해 미국은 의외로 적극성을 보이고 있다. 문 대통령의 3차 북미정상회담 추진 언급이 있자마자 트럼프 대통령은 황급히 스티븐 비건 대북정책 특별대표를 한국에 파견하는 민첩성을 보였다. 그는 2박 3일 동안이나 머물며 한국 정부의 진의를 파악함과 동시에 굳건한 한미동맹을 재확인하는 데 중점을 두었다. 또 예전과는 다르게 한반도의 안정적 환경조성을 위해 한국 정부의 남북협력 추진을 적극 지지하고 협력하겠다고 했다. 이는 매우 고무적인 일이다. 하지만 다분히 계산된 정치적 수사라는 느낌도 든다. 트럼프 대통령의 재선가도에 빨간불이 켜지자 우선 급한 불부터 끄고 보려는 의도가 엿보이기 때문이다.

하노이 회담에서 볼턴이 저지른 실수로 북한과의 회담을 망친 이후 자신의 유일한 업적이 사라져 버렸고 북한이 미국과는 다시 만날 일이 없다고 단호한 태도를 보이자 일단 한국을 통해 북한을 관리하려는 것으로 볼 수 있다. 한국의 남북교류 복원에 힘을 실어줌으로써 북한의 도발을 억제하고 북미관계 개선을 통해 대선에서 반전의 기회를 잡으려는 책략으로 읽힌다.

그러나 어찌됐건 문 대통령의 북미를 향해 던진 메시지는 일단 성공을 거둔 셈이다. 북미 모두를 깊은 잠에서 깨워 북미 간 교착상태의 문을 연 것만으로도 소기의 목적은 달성했기 때문이다. 북한은 김여정 노동당 제1부부장을 통해 북미대화에 대한 구체적 조건을 장황하게 내놓았고, 미국 역시 폼페이오 국무장관을 통해 미국의 대화 복원에 대한 가감 없는 의중을 드러내게 만들었다.

요약하자면 북한은 미국에게 비핵화를 요구하려면 미국도 불가역적인 중대조치를 행동 대 행동으로 취할 것과 이제는 비핵화에 대해 제재해제를 넘어 체제보장까지 요구하는 훨씬 강화된 조건을 제시하고 있다. 이에 대해 미국은 '선 비핵화 후 보상'이라는 큰 원칙은 고수하고 있지만 전보다는 다소 유연한 태도를 보이고 있다. 그렇다 해도 미국 대선 전 북미 3차 정상회담은 쉽지 않아 보인다. 트럼프 대통령의 특별한 결단이나 화끈한 조치가 나오지 않는 한 북미의 대치상태는 금년 말까지 지속될 것이다. 북한 김정은 위원장은 미국 대선 결과가 나올 때까지는 결코 움직이지 않을 공산이 크기에 그렇다.

이제 남은 건 문재인 대통령과 한국 정부의 선택이다. 모든 것이 어려운 여건임을 알면서도 3차 북미정상회담에 매달릴 것인가. 아니면 새로 임명된 막강한(?) 대북라인을 총동원하여 4차 남북정상회담을 성사시킬 것인가를 결정해야 한다. 또 새로 임명된 외교안보분야 책임자들은 그 어느 때보다 국민들의 기대가 크다는 점을 명심하고 경륜과 지혜를 남김없이 발휘해야 한다. 과거처럼 북미와 남북 두 사안이 연결되어 있으니 함께 추진해야 한다는 생각 같은 것은 버리고 남북문제만이라도 제대로 일궈내는 성과를 보여줘야 한다.

지금은 모든 환경이 예전보다 어렵다. 코로나 변수가 작용하고 있고 북미가 진정성보다는 전략적 줄다리기를 하고 있다. 방심하면 자칫 아무것도 얻지 못하고 시간만 낭비하는 결과를 초래할 수 있다. 지금은 북미회담보다 남북관계 개선에 총력을 기울여야 할 때다. 과거의 예를 보더라도 남북관계가 원활할 때 비로소 모든 국제관계가 제대로 풀려나갔음을 상기할 필요가 있다. 다행히 미국이 남북교류에 대해서 호의적이고 국민들도 4차 남북정상회담이 필요하다는 여론이 우세한 점을 감안하면 지금이 남북관계를 풀 적기라고 봐야 한다.

물론 미국이 약속을 반드시 지킨다는 보장이 없고 상식의 틀을 벗어난 행태를 보이고 있는 북한이 쉽게 응하지 않을 수도 있다. 그렇다고 연락사무소 폭파 같은 엄중한 사안이 현존하는데 마냥 손 놓고 기다릴 수만은 없는 일이다. 북한을 대화의 장으로 끌어내 따질 것은 따지고 협력할 것은 협력하는 방안을 논의하는 것이 옳다. 또 남북의 만남이 북미의 만남보다는 성사 가능성이 높은 것도 사실이다.

오는 11월 대선을 치를 때까지는 한반도의 위기가 고조되지 않기를 바라는 트럼프 정부의 희망까지 고려한다면 북한을 설득할 수 있는 여건 또한 나쁜 것만은 아니다. 북한도 현 상황이 어렵기는 마찬가지다. 일의 성패는 지도자의 의지와 그를 뒷받침하는 참모들의 능력에 달렸다. 다시 한 번 남북의 문이 활짝 열리기를 기대하며 현 시점에서 한 번쯤 새겨봤으면 하는 '자치통감'에 있는 고사(故事) 하나를 소개하고자 한다.

"舍近謀遠者 勞而無功舍遠謀近者 逸而有終"

"가까운 것을 두고 먼 것을 도모하면 수고롭기만 할 뿐 성과가 없고, 먼 곳을 버리고 가까운 것을 취하면 일도 쉽고 유종의 미를 거두게 된다"는 말이다.

북은 미사일 쏘고 미중은 정면충돌, 한국은?

2021. 03. 29

　미국과 중국의 갈등(葛藤) 양상이 예사롭지 않다. 신냉전체제로의 고착화 조짐마저 보인다. 갈수록 대립도 격해지고 동맹국들을 줄 세우려 하고 있다. 미국과 중국은 지난 트럼프 정부 시절부터 세계 패권을 놓고 힘겨루기를 시작했다. 트럼프의 미국 우선주의 정책으로 인한 인종차별, 관세폭탄, 기후협약 탈퇴와 같은 공동체 파괴와 독선에 맞서 중국도 천문학적 군비를 들여 무력증강과 우호세력 결집 등으로 맞대응하며 다툼을 벌여 왔다. 미국 대선에서 패한 트럼프가 물러나고 바이든 정부가 출범하면서 세계는 새로운 소통의 질서가 형성되기를 고대했다. 코로나를 비롯해 기후변화로 인한 인류재난 등 급박해진 공통현안은 물론이고 군부의 쿠데타로 혼란에 빠진 '미얀마 문제' 같은 지구촌의 각종 분쟁에 대해서도 협력적 역할을 기대한 것이다.

　그러나 바이든 정부 출범 후 처음 열린 알래스카 미 · 중 고위급회담은 이 같은 기대를 물거품으로 만들고 말았다. 양국은 정치 군사적인 문제를 넘어 경제와 문화, 심지어는 상호 핵심이익까지 건드리며 정면충돌하는 모습을 보였다. 외교상식이나 관례가 무색할 정도로 회담 초반부터 날선 비난으로 일관하며 공동발표문도 없이 끝났다. 향후 미·중관계가 결코 순탄치 않음을 여과 없이 보여준 것이다. 이 와중에 북한은 미사일을 쏘아 올렸다. 그 저변에는 여러 가지 복합적 이유가 있겠으나 한국 정부와 미국의 대북정책을 압박하기 위한 도발임을 부인할 수 없다. 한미합동군사훈련의 강행과 북의 인권문제를 거론한 미국에 대한 반발과 북미대화에서 주도권을 잡기 위한 포석으로 보이지만 북한이 그동안의 침묵을 깨고 도발에 나선 것은 한반도 평화에 악재임은 분명한 사실이다.

이 같은 미·중, 북·미간 첨예한 대립은 필연적으로 한반도와 동북아 정세의 불확실성을 불러오고 그 파고에 따라 안보지형이 요동칠 수밖에 없다. 이대로 방치할 경우 과거 미·소 냉전과 같은 형태로 역사가 후퇴할 수도 있다. 북한의 도발강행은 한반도 평화를 위협하는 매우 잘못된 선택이다. 한반도 정세가 2018년 싱가포르 만남 이전으로 회귀할 수도 있어 그 파장이 우려된다. 실제로 작금의 현실을 보면 미중을 비롯한 아시아 여러 나라들이 앞 다투어 급속한 군비경쟁으로 빠져들고 있는 실정이다. 국제적 지역적 공동 관심사는 제쳐둔 채 오로지 군사력 우위에만 열을 올리고 있다. 이 같은 세계 안보환경의 불확실성이 커질수록 필연적으로 한반도에 영향을 미칠 수밖에 없고 한국은 중차대한 과제를 떠안게 되는 것이다.

과거의 예를 보더라도 주변국들의 대화단절은 항상 한반도의 위기로 귀결되었다. 한미 양국의 외교가 원활하고 협력체제가 공고할 때 남북관계도 탄력을 받았고, 또 남북관계가 우호적이고 협력적일 때 북미관계 또한 진일보했던 것은 우리가 이미 경험으로 알고 있는 사실이다. 그러나 현재 남북관계는 단절상태에 놓여 있어 어떠한 방안도 강구하지 못하는 한계에 봉착해 있다. 더구나 북한은 8차당대회에서 공언한 대로 전술핵무기, 잠수함발사탄도미사일, 초대형방사포, 핵잠수함 등의 증강을 꾀하고 있고 앞으로도 도발가능성이 남아 있어 한반도 평화를 심각하게 위협하고 있다. 이 같은 북한의 도발을 제어할 수 있는 수단 또한 마땅치가 않다. 미국과 대립하고 있는 중국과 러시아는 오히려 북한에게 친서와 경제원조 등을 통해 후원자 역할을 하고 있기 때문이다.

이에 비해 한일, 한미관계의 결속력은 예전과 같지 않다. 한일관계는 말할 것도 없고 한미관계 역시 매끄럽지 않다. 바이든 정부 출범 후 외관상으로는 방위비 분담금 협상도 타결되었고 미국 외교안보의 핵심인 국무, 국방장관의 방한도 있었지만 성과는 기대에 미흡했다. 겨우 한미동맹을 재확인하는 데 그쳤다. 그동안 베일에 싸여 있던 바이든 정부의 동아시아 정책, 특히 대중, 대북정책의 전향적 변화에 대한 협의는 없고 '긴밀한 소통'과 '완전한 조율'이라는 원론적 인사만 교환한 상견례에 불과했다. 한반도 문제의 핵심인 북한의 비핵화나 한반도 평화프로세스에 대한 문제는 소홀했고 일본 방문 때와 대비되어 한미 간의 묘한 온도차만 드러냈다.

이제 한국 외교는 시험대에 올랐다. 어떠한 전략 어떠한 외교를 펴나갈지 분명한 목소리를 낼 때가 되었다. 미국과 중국, 북한과 일본 등 주변국들은 기회 있을 때마다 자국의 목소리를 강렬하게 쏟아내고 있다. 또 그들은 어려움에 처할 때마다 한국을 돌파구로 삼고 중재자 역할을 주문해 왔다. 그들 요구의 본질은 한반도 평화와 안정보다 자국의 이익을 위해서다. 이제 우리 정부도 우리의 국익 최우선 원칙을 천명하고 당사자의 목소리를 내야 한다. 소극적 중간자 역할에서 벗어날 때가 되었다. 국익에 배치되는 것은 위험을 감수하고라도 거부하는 결기를 보여주어야 한다. 미국의 일방적인 대중압박이나 대일관계 개선요구, 중국의 경제를 무기로 한 대미압박에도 우리의 입장을 분명하게 밝히고 사안별로 설득과 공조를 병행해 나가는 전략이 필요한 시점이다.

북한의 고립과 단절, 한반도엔 독(毒)이다

2021. 07. 19

　북한의 침묵이 길어지고 있다. 한국과 미국의 대화제의에 선을 긋고 내부결속에만 전념하고 있다. 미국이 바이든 정부 초반 내세웠던 강경기조를 조금씩 완화시키며 거듭 대화 의지를 밝히고 있지만 북한은 남북대화, 북미접촉 모두를 외면하고 있다. 시종 대북 적대시 정책 철회를 요구하며 '선대선 강대강' '대화와 대결' 이라는 원론적 메시지만 내놓고 있다.

　한·미는 워싱턴 정상회담을 통해 그 동안 불투명했던 대북정책을 대화 쪽으로 가닥을 잡았다. 싱가포르 북미협상을 기초로 북한과의 대화통로를 열기로 한 것이다. 북한의 마음을 돌리려는 한국 정부의 노력과 미국의 유화적 움직임도 있었다. '북한비핵화' 를 '한반도비핵화' 로 고쳐 부르고 미국무부 대북특별대표에 한국계 북한통인 '성 감' 을 임명하는가 하면 남북교류의 걸림돌로 작용하면서 북한이 강한 거부감을 표시한 바 있는 '한미워킹그룹' 을 종료하기로 하는 등 부단히 공을 들이고 있다. 하지만 북한은 내부문제가 우선이라며 여전히 빗장을 풀지 않고 있다.

그렇다고 북한이 대화를 원천적으로 거부하거나 배제하는 것은 아니다. 북한 노동당 전원회의에서 한반도의 안정적 관리를 언급한 것이나 김여정, 리선권 등 대외라인의 절제된 언행에서도 대결보다는 대화에 방점이 찍힌 것으로 볼 수 있다. 다만 미국 바이든 정부의 대북접근법이 북한이 원하는 바와는 괴리가 크기 때문에 실리를 따지며 장고에 들어간 것으로 보인다. 북한은 바이든을 향해 과거 트럼프와 같은 톱다운 방식의 일괄타결을 선호하고 있다. '적대시정책 철회'나 '대북제재 완화'와 같은 큰 그림을 그리며 새 계산법을 요구하고 있는데 반해 바이든 행정부가 내놓은 북핵 해법은 실무자를 앞세운 '단계적 실용적' 접근과 '조건 없는 만남'을 고수하고 있다. 미국의 이 같은 태도는 북한으로 하여금 선뜻 대화테이블에 나설 명분을 주기에는 부족하다. 이처럼 양측의 입장차가 커 북미대화는 상당기간 어려울 것으로 보인다.

　북한의 내부사정 또한 급박하다. 한가로이 회담장에 나가 협상 줄다리기를 할 형편이 아니다. 당장 눈앞에 닥친 코로나 방역과 식량부족 등 시급한 현안이 발목을 잡고 있다. 그렇다고 미국이 제시하는 눈에 띄는 당근도 없을 뿐더러 속전속결이 아닌 미국식 협상방식으로는 북한의 마음을 돌리기에 무리가 따른다.

　북한은 지난 달 3차례의 전원회의를 열고 대규모 인사개편을 단행하는 등 대대적인 국가전략 재검토에 돌입해 있는 상태다. 난국타개를 위한 유일한 방편으로 중국과 밀착하며 북·중 우의다지기에 힘을 쏟고 있다. 중국 공산당 창당 100주년을 고리로 혈맹을 내세우며 친밀함을 한껏 과시하고 있다. 양국 대사나 관료들의 광폭행보는 물론이고 북·중 정상들까지 여기에 가세하고 있다. 중국은 미국이 나토(NATO)와 G7회의, 한·미·일이 동맹공조를 통해 압박해 오자 북한이라는 우군이 필요하고 북한 역시 경제적 어려움을 해결해 줄 확실한 지원자가 절실한 상황이다.

이 시점에서 한국 정부의 역할이 매우 중요하다. 현재 북한의 가장 다급하고 민감한 문제로 대두된 식량지원, 백신공급, 8월로 예정된 대규모 한미연합훈련의 수위조절과 같은 현안들에 대해 보다 적극적인 노력이 요구된다. 미국 정부의 정책에서 후순위로 밀려나 있는 북핵문제와 한반도 평화정착 문제를 적극 이슈화시켜 미국을 설득하고 변화시키는 능동적 역할을 필요로 한다. 미국도 마찬가지다. 기왕 대화 쪽으로 가닥을 잡았다면 실효성 없는 조건 없는 만남만 고수하지 말고 북한이 주목할 수 있는 '적대시정책 철회'나 '대북제재 완화'와 같은 근본적인 문제에 대한 외교적 검토와 더불어 대국적 결단이 필요하다. 미국이 진정 북한과의 대화 재개를 원한다면 과감한 동기부여로 북한을 움직여야 할 것이다. 북핵문제도 결국 대화 외에 다른 방법은 찾을 수 없기에 그렇다.

북한도 변해야 한다. 더 이상 침묵으로 일관하며 외교적 고립을 자초해서는 안 된다. 중국에 의존하는 것이 일시적 방편이 될 수는 있으나 영원히 미래를 담보할 수는 없다. 세계는 급변하고 있다. 위기극복과 새로운 도약을 위해서는 외교의 지평을 넓혀야 한다. 그것만이 살길이다.

지금 세계는 미세한 바이러스가 문명을 위협하고 있고 기후 위기에 따른 메가톤급 재앙이 지구촌을 긴장시키고 있다. 1,2차 세계대전보다 더 많은 사망자가 발생하고 있다. 국가 간 외교를 넘어 인류생존을 위한 더 큰 위기대응 외교가 절실한 실정이다. 이를 위해 그 누구와도 마주앉아야 하고 어떤 나라와도 협력해야 한다.

고립은 위험을 자초하는 길이고 도태를 앞당기는 길이다. 인류사회는 이제 어떤 의제 어떤 현안이라도 마주 앉아 공동해결책을 강구해야 한다. 북한이라고 예외가 될 수는 없다. 하루 속히 빗장을 풀고 대화의 장으로 나와야 한다. 가장 먼저 남한과의 대화를 시작으로 물꼬를 터야 한다. 북한의 단절과 고립은 우리 한반도에 약(藥)이 아닌 독(毒)이 되기 때문이다.

한반도 평화(平和)와 냉전(冷戰)의 종식

2022. 02. 22

　21세기를 맞이한 지금도 세계 곳곳에서는 크고 작은 분쟁들이 그치지 않고 있다. 지난 20세기에는 끔찍한 세계 대전을 두 번이나 치렀다. 그 결과 그동안 세계를 호령해 왔던 유럽제국은 쇠퇴하고 미국과 소련이라는 두 강대국이 출현하며 냉전(冷戰)의 시대로 돌입했다. 세계는 미·소 두 세력에 의해 좌우됐고 주변국들은 위성국가로 전락하여 냉전의 피해국이 되었다. 한반도에서는 동족전쟁이 일어났고 독일과 베트남은 분단됐으며 유럽도 동서로 갈려 폴란드를 비롯한 동유럽의 처분권은 소련에게 주어졌고 서유럽은 미국의 영향권 아래 놓이게 되었다. 양대 세력의 대척점에 놓여 있던 아프가니스탄 또한 긴 전쟁을 겪었다.

　20세기 후반으로 접어들며 극심한 경제난을 겪고 있던 소련은 공산주의와 함께 몰락했고 냉전(冷戰)의 전초기지였던 베트남과 독일은 통일되었다. 팽팽하던 세력균형이 깨지면서 잠시 미국의 독주시대가 열렸으나 그리 오래가지 않았다. 긴 잠에서 깨어난 중국이 용틀임을 시작하면서 세계는 또 다시 미·중 대립의 신(新)냉전의 시대로 회귀하고 말았다.

그리고 2022년, 미·중 사이에서 은인자중(隱忍自重) 기회를 엿보던 러시아가 옛 소련의 영광을 꿈꾸며 냉전세력에 끼어들고 있다. 새해 벽두 세계의 시선은 베이징 동계올림픽은 뒷전으로 밀리고 온통 흑해연안 크림반도로 향하고 있다. 러시아가 우크라이나 접경 지역에 10만 명이 넘는 병력을 실전배치해 놓고 선전포고를 기정사실화 하자 미국과 나토(북대서양조약기구)는 전례가 없는 제재경고를 하는 한편 미국이 동유럽에 군 병력을 배치하면서 긴장은 더욱 고조되고 있다.

중국과 러시아가 반미전선을 형성하고 미국과 나토가 연합함으로써 자칫 제3차 세계대전의 조짐마저 보이고 있다. 인류 파멸의 위기를 모면해 보려고 미국과 러시아는 연달아 정상회담을 하고 독일 프랑스 영국 헝가리 등의 수반들도 양측을 오가며 외교전을 벌이고 있지만 돌파구는 보이지 않는다. 러시아는 우크라이나의 나토가입금지 등 러시아의 안전보장을 내세우고 있지만 속셈은 우크라이나를 무력으로 합병하겠다는 것이고 서방세계는 이를 결코 용납할 수 없다며 맞서고 있다.

이처럼 주변 강대국들의 대립이 거세질수록 완충지대에 놓인 우크라이나 국민들의 고통만 가중되고 있다. 어린 아이와 부녀자까지 총을 들고 나섰다. 위기의 우크라이나 상황은 한반도의 처지와 맞닿아 있다. 70여 년의 지구촌 소용돌이 속에서도 한반도는 아직도 냉전의 완충지대로 머물러 있다. 휴전선 철책은 여전히 굳건하고 북한의 핵무력은 나날이 진화하고 있으며 한국의 평화체제 구축을 위한 노력은 제자리걸음이다.

북한은 1월에만 중거리탄도미사일(IRBM)을 포함해 일곱 차례의 미사일을 발사하며 그동안 자제해 왔던 대륙간탄도미사일(ICBM) 발사와 핵실험 재개까지 천명하고 나섰다. 이에 대응하기 위해 미국은 항공모함을 비롯한 첨단전략무기를 한반도에 배치하며 강대강으로 부딪치고 있다. 그러나 한국정부의 역할은 한계에 봉착해 있는 실정이다. 이 시점에서 2018년 싱가포르 북미정상회담 전후를 떠올리게 되는 건 어쩌면 당연한 일이다. 일촉즉발의 현 상황이 그때와 너무나도 비슷하기 때문이다.

특히 북한의 중거리탄도미사일(IRBM) 발사는 동북아는 물론이고 국제적인 파장을 몰고 오기에 충분하다. 사거리 500∼5500km의 탄도미사일과 순항미사일에 대한 글로벌 IRBM 물밑경쟁은 치열하다. 미·중·러·일 4국의 안보체계와 영토문제에 이르기까지 매우 복잡한 함수로 얽혀있는 고차방정식이기 때문이다.

발사 직후 미국이 영국 프랑스와 함께 즉각적인 안보리 소집을 요구했고 그동안 북한의 미사일 발사를 두둔해 안보리 소집을 반대해 왔던 중국과 러시아까지 나서 상황이 엄중하다고 한 것도 바로 그 때문이다. 북한의 의도가 무엇이든 신냉전으로 우발적 변수가 많은 시기에 이 같은 무모한 무력시위 방식은 안 된다. 한반도 평화를 저해하는 매우 위험한 도박이기 때문이다.

미·중의 글로벌 패권다툼이 치열한 이때 두 세력의 갈등 양상에 따라 한반도와 동북아의 정세가 요동칠 수밖에 없고 명분이 궁색해지면 양측 모두 한반도를 또 다시 희생양 삼는 상황을 배제할 수 없기에 그렇다.

이처럼 불안한 국제정세에서 한반도를 안정적으로 유지하기 위해서는 주변국을 자극할 수 있는 선제 타격이나 사드 재배치 같은 발언은 자중해야 한다. 우리는 지난 경험에서 제재와 압박보다는 대화와 인내가 남북안정에 도움이 되었음을 확인했다. 북한의 미사일 발사 역시 2018년 위기 뒤에 사상 처음으로 북미정상회담을 열었던 그때를 염두에 둔 '벼랑 끝 전술'일 가능성이 높다. 그러기에 비핵화와 한반도 평화를 위한 북·미 협상은 조속히 재개되어야 한다.

미·중이 진정한 강대국의 반열에 오르려면 패권다툼을 멈추고 냉전을 종식시키는 일에 나서야 한다. 세계 여러 곳에 분쟁지역이 존재하지만 한반도만큼 냉전(冷戰)의 상징성을 내포한 곳은 없다. 한반도는 아직도 전쟁(戰爭) 중이다.

70년이 넘게 이어지고 있는 지루한 한국전쟁을 이젠 끝내야 한다. 강대국들이 앞장 서 한반도의 판문점에서 냉전의 종식을 선포하고 한반도 통일과 평화체제의 완성을 도와야 한다. 세계 유일의 냉전지역 한반도를 완충지대가 아닌 평화지대로 만드는 것이야말로 냉전의 종식과 세계평화(世界平和)를 여는 지름길이다.

분단대립 해소(解消)가 한반도 평화의 관건

2022. 03. 28

남북관계가 먹구름에 휩싸인 채 표류하고 있다. 문재인 정부가 임기 마지막 카드로 종전선언이라는 승부수를 띄워봤지만 분위기 개선은커녕 오히려 해묵은 갈등만 확인하는 데 그쳤다. 북미관계 역시 북한의 연이은 미사일 발사로 인해 최악의 상태에 놓여 있다. 이 와중에 일본은 역사왜곡에 골몰하고 있고 중국은 미사일 도발과 관계없이 북한과의 물자교류를 재개했다.

국제정세의 혼란과 중국의 지원에 힘을 얻은 북한은 도발의 강도를 높이며 이미 '레드라인'을 넘어섰고 대륙간탄도미사일(ICBM) 발사에 이어 핵실험까지 강행할 태세다. 그렇게 되면 미국은 또 유엔이나 자국의 힘을 이용한 새로운 대북제재를 모색할 것이고 한미동맹, 미일동맹을 축으로 북한에 대해 더 강력한 억제조치를 취하게 될 것이다. 결국 한반도는 또 다시 긴장수위가 높아지고 비상 국면으로 접어드는 악순환만 반복될 뿐이다.

세계는 지금 미·중 전략경쟁의 소용돌이와 러시아의 횡포(橫暴)에 휩싸여 있다. 그 누구도 한반도 문제에 신경 쓸 겨를이 없다. 세계 곳곳에서 시한폭탄이 작동되고 있기 때문이다. 아시아의 동중국해에서는 중국과 대만, 남중국해에서는 중국과 미·일 등이 대립하고 있고 유럽에서는 러시아와 서방세력이 격돌하고 있다. 아프리카와 중동에서도 지역 분쟁이 줄어들지 않고 한반도에서는 한국과 일본, 북한과 미국이 돌파구 없는 지난(持難)한 기 싸움을 벌이고 있다. 이처럼 갈등과 분쟁은 갈수록 쌓여 가는데 이 문제를 해결할 중심세력은 어디에도 보이지 않는다. 강대국들은 복잡한 국제문제에 대해 책임을 회피하고 유엔을 비롯한 국제기구도 존재감 없는 무력증(無力症)을 보이고 있다. 세계는 지금 심각한 혼돈(混沌)의 시대다.

한반도는 겉으론 평온한 것 같지만 속내는 매우 불안정한 상태다. 광복 80여 년이 되어가지만 분단대립은 좀처럼 해소되지 않고 선거가 중첩되다 보니 남남갈등은 갈수록 도를 넘고 있다. 이 와중에 북한은 사실상 핵보유국이 되었다. 국제사회가 30년 동안 북핵문제 해결을 위해 노력했음에도 실패하고 말았다. 핵심은 피하고 자국의 이해득실에만 매달렸기 때문이다. 결국 북한은 핵을 완성했고 핵탄두 탑재가 가능한 대륙간 탄도미사일과 중단거리 미사일, 핵잠수함(SLBM) 개발까지 마치고 요즘은 완성도를 점검하느라 분주하다.

미·중·일을 비롯한 한반도 전역이 북한의 핵위협에 노출되어 있다. 한국도 이에 대한 방어수단으로 한국형 미사일방어체계를 포함해 핵심방위 전력을 강화하고 있다. 이 상태가 지속되면 결국 남북 간 군비경쟁(軍備競爭)만 더욱 치열해질 뿐이다. 이젠 한반도 문제에 대한 근원적 해법을 모색해야 할 시점이다.

북핵은 한반도 분단체제(分斷體制)가 낳은 대립의 산물이다. 그러기에 북한의 핵만 없앤다고 해서 한반도 평화를 담보할 수는 없다. 그 근원(根源)인

남북대립의 분단구조가 종식되어야 이 문제를 해결할 수 있다. 그렇지 않는 한 한반도의 긴장상태는 지속될 수밖에 없고 남북 모두 안보에 쏟아 붓는 천문학적 고비용은 계속 증가할 수밖에 없다.

해법은 하나다. 이 고비용 저효율의 불안정한 정전상태를 반드시 혁파(革罷)해야만 한다. 70년 묵은 비정상적 정전체제를 마감해야만 한반도의 평화와 미래가 열린다. 우리 자신은 물론 미·중을 비롯한 국제사회도 이젠 지금까지 취해 왔던 방식에 대한 한계를 인정하고 한반도 정책을 바꾸어야 한다. 한반도를 냉전의 전초기지에서 해방시키려는 노력과 한반도 평화체제를 완성시키는 데 집중해야 한다. 동북아의 평화도 북핵문제의 해법도 여기에 달려 있다.

지금 우리는 21세기 4차 산업혁명 인공지능시대에 살고 있다. 우리의 국력과 군사력 모두 과거와는 비교할 수 없을 정도로 성장했다. 이젠 정부도 국민들의 의식도 이에 걸맞는 획기적인 변화가 요구된다. 20세기의 잔재인 박제된 이념갈등에서 하루 속히 벗어나 미래지향적 사고로 전환해야 한다.

새로 들어설 정부는 내적으로는 국민통합과 협력정치에 사활을 걸어야 하고 외적으로는 선진국가의 위상에 맞는 새로운 한국형 모델의 세계외교, 세계전략을 구사해야 할 시점이다. 한국은 미·중 갈등, 한·일 갈등에다 미·러 갈등이라는 리스크까지 떠안고 있다.

동맹에만 매달리는 강대국 논리에 의한 수동적 외교에서 벗어나 대한민국의 전략적 목표를 바탕으로 한 능동적, 실용적 외교의 길을 열어야 한다. 미·중 경쟁 구도 속에 매몰된 양자택일의 관점에서도 과감하게 탈피해야 한다. 국제외교에서 우리의 대응 기준은 오로지 국익우선과 한반도 분단 대립 해소가 최고의 가치로 정립되어야 한다.

가장 먼저 해야 할 일이 남북관계의 정상화다. 한반도 문제는 국제문제

이전에 국내문제다. 한반도에 살고 있는 우리의 문제를 남에게 의존할 것이 아니라 스스로 해결하는 쪽으로 가닥을 잡아야 한다. 애당초 접근방법과 목적자체가 완전히 다른 국가들에게 기대어 해결하려는 것은 연목구어(緣木求魚)나 다름없다.

한반도 당사자인 남북이 먼저 협력하고 의기투합해야 국제문제도 풀린다. 남북의 신뢰가 구축되면 그것이 바로 종전선언이다. 북한도 더 늦기 전에 관점 자체를 완전히 바꾸어야 한다. 핵을 앞세운 강(强)대 강(强) 전략은 한반도의 재앙일 뿐이다.

남북교류의 중요한 고비마다 대화를 단절시키고 도발로 대응하는 것은 역사를 후퇴시키는 행위다. 금강산 관광객 총격피살, 천안함 피격과 연평도 포격, 비무장지대 지뢰도발, 남북연락사무소 폭파 등으로 남북관계를 얼어붙게 만들고 교류를 원점으로 되돌리는 일은 다시는 없어야 한다. 남북 모두 새로운 의식전환을 바탕으로 한반도 분단대립 해소를 위한 대장정에 나서기를 기대한다.

한반도 외교안보정책 신중해야 한다

2022. 6. 15

새 정부 출범 후 한반도를 둘러싼 기류가 심상치 않다. 북한은 각종 미사일을 마치 전시하듯 쏘아대고 그동안 자제해 왔던 대륙간탄도미사일(ICBM)까지 발사함으로써 이미 레드라인을 넘어섰다. 지금은 일곱 번째 핵실험 시기를 저울질하며 한미를 압박하고 있다. 한국과 미국은 이 같은 북한의 도발에 맞서 고강도 무력시위와 함께 유사시 필요한 조치를 다하겠다며 전과는 다른 결기를 보이고 있다. 서둘러 한미동맹을 격상강화하고 그동안 한국과 껄끄러운 관계에 있던 일본까지 끌어들이며 한·미·일 공조의 틀을 갖췄다.

그뿐 아니라 한국의 신임 외교부장관은 미국 방문 중 한일군사정보보호협정(GSOMIA, 지소미아)의 정상화 필요성을 제시했고 미국의 전략자산 한반도 전개논의와 한미의 연합군사훈련 복원까지 언급하고 나섰다. 이렇게 되면 우크라이나 전쟁으로 밀착된 중국과 러시아가 북한과 합세해 공조에 나설 것은 불을 보듯 뻔하다. 결국 '한·미·일' '북·중·러'의 신냉전구도는 더욱 공고해지고 한반도는 또 다시 최전선에서 대립하게 되는 악순환이 재개될 것이다.

새 정부의 외교안보정책의 핵심은 '당당한 외교' 와 '튼튼한 안보' 로 요약된다. 자주적 독립국가라면 너무나도 당연한 말이다. 하지만 한반도가 처한 현실은 두 가지 다 결코 녹록치가 않다. 미·중 강대국들의 전략경쟁 소용돌이에 휘말리지 않으려면 유연한 외교를 통해 중심을 잡아야 하고 전쟁을 불사할 것이 아니라면 최악의 상태로 치닫고 있는 북한과의 관계 개선이라는 장벽도 넘어서야 한다.

또한 기후변화와 팬데믹 등 새로운 유형의 환경안보 역시 통제 불능의 늪에 빠지기 전에 대처해야 하는 난제가 가로 놓여 있다. 때문에 현 시점에서 외교안보라인의 역할은 실로 막중하다. 외교정책수립과 실행에 있어 유리그릇을 다루듯 신중을 기해야 한다. 우리의 외교와 안보환경은 미일과는 다르다.

그러나 새 정부는 이 점을 간과한 채 강수를 두고 있다. 당당한 외교는 북·중을 배제한 미·일에 편중됨으로써 일방적 동맹 의존도만 높이고 튼튼한 안보 역시 대북 강경책을 예고함으로써 북·미가 극한으로 맞섰던 4년 전으로 돌아가 '강 대 강' 구도가 재현되며 오히려 안보불안심리가 가중되고 있다.

더구나 우려되는 것은 요즘 국제정세가 매우 불안정한 상황에 처해 있다는 것이다. 서쪽에서는 피 튀기는 전쟁이 한창이고 동쪽에서는 작은 실수 하나면 폭발할 수 있는 시한폭탄이 작동중이다. 기후변화로 인한 자연재해는 갈수록 증가하고 코로나도 아직 잔불이 꺼지지 않았다. 세계경제는 고물가와 주가폭락 등 최악의 상황에 직면해 있으며 아직 새 정부의 조직 개편도 마무리 되지 않았다. 이러한 때에 외교정책을 강경 일변도로 밀어붙이는 것은 자칫 걷잡을 수 없는 화를 초래할 수 있다. 급히 먹는 밥이 체한다는 속담처럼 국가의 중요한 정책일수록 호흡과 속도를 조절해 가며 좀 더 신중하고 창의적인 대응이 요구된다.

특히 대북정책에서 가장 중요한 것은 파국을 막는 일이다. 파국을 초래하기는 쉽지만 그것을 수습하는 일은 어렵고 오랜 시간이 걸린다. 우리는 그 같은 사실을 이명박정부 시절에 이미 경험한 바가 있다. 그 때는 파국으로 그쳤지만 만일 그 불씨가 전쟁으로 이어진다면 국민들의 생명과 국가의 존망마저 위협받게 된다. 세계 지도자들의 필독서인 손자병법의 요지 역시 전투와 전쟁을 피하고 재앙을 줄이는 게 상책이라 했다.

현재 한국의 대외정책에서 크게 영향을 미치는 나라는 미국과 중국이다. 안보는 미국, 경제는 중국이라는 논리가 여전히 작용하고 있다. 한미동맹은 한국전쟁 이후 안보의 근간이 되어 왔다. 한미동맹이 북한의 위협을 억제하고 한국의 성장을 뒷받침해 왔기 때문이다. 북한의 도발과 핵위협이 사라지지 않는 한 앞으로도 이러한 기조는 유지될 공산이 크다. 한국의 최대 교역국인 중국 역시 한국 외교의 중요한 한 축을 이루고 있다. 경제는 물론이고 지정학적 위치나 남북관계에서도 큰 영향을 미치기 때문이다.

그러기에 두 나라 다 결코 소홀히 할 수 없다. 힘이 좌우하는 국제질서 속에서 한 쪽으로 치우친 일방적 외교는 금물이다. 위험을 자초하고 재앙을 부르는 일이다. 세상은 하루가 다르게 급변하고 있다. 지금은 일극체제가 무너지고 불확실성이 상존하는 다극주의 시대로 진입했다. 국제외교에서 영원한 친구도 영원한 적도 존재하지 않는다. 친구와 적이라는 과거에 얽매인 편견에서 하루빨리 벗어나야 한다.

우리의 국력도 이제 경제, 군사, 과학, 체육, 문화 등 다방면에서 선진국 반열에 올랐다. 외교에 있어서도 동등한 위치에서 국익을 추구하면서 우환을 막을 수 있는 실리적이고 예방적 외교가 절실하게 요구되는 시점이다. 동맹이라는 우산 속에 무조건 안주해서도 안 되고 경제논리에 따른 압력에서도 벗어나는 노력을 부단히 해야 한다. 맹목적 안주나 추종이 장기화 되면 그것은 결국 자주성을 상실한 속국으로 가는 길이기에 그렇다.

외교의 기준은 국익이다. 국익에 도움이 된다면 세계 어느 나라와도 교류의 끈을 놓거나 배제해서는 안 된다. 특히 대북정책에 있어서는 더욱 신중하게 접근해야 한다. 시간이 걸리더라도 한반도의 미래를 설계하는 쪽으로 초점을 맞추어야 한다.

남북은 궁극적으로 통일국가가 돼야 한다. 그러기 위해서는 남북 지도자들의 한반도 평화정착 노력은 지속되어야 하고 국민들의 의식 또한 변해야 한다. 눈앞에 보이는 미세한 나무들에 매달려 다투지 말고 당장은 눈에 보이지 않지만 희망과 번영이 보장되는 거대한 숲을 품을 수 있는 대국적 안목을 키워나가야 할 때다.

제**2**부

북미회담과 한반도 평화체제

판문점 선언을 통해 본 북미회담의 전망

2018. 05.10

　판문점 3차 남북정상회담이 성공적으로 마무리 되었다. 한반도 역사의 대전환을 이루게 된 것이다. 남북정상회담 준비위원회가 회담의 3대 의제로 정한 한반도 비핵화, 항구적 평화정착, 남북관계 진전 모두 만족할 만한 결과를 도출해 냈다. 국민들도 '판문점 선언'에 대해 압도적인 지지를 보내고 있다. 정전협정 체결 65주년인 올해 안에 종전을 선언하고 정전협정을 평화협정으로 전환한다.

　완전한 비핵화로 핵 없는 한반도를 실현한다. 이를 위해 남·북·미 또는 남·북·미·중 회담을 적극 추진한다. 개성에 남북공동연락사무소를 설치하고 한반도에 더 이상 전쟁은 없게 할 것이다. 남북 간 모든 적대행위를 금지하고 올가을 문재인 대통령이 평양을 답방하기로 하는 등 13개항으로 된 한반도의 평화와 번영, 통일을 위한 4.27판문점 선언이 발표됨으로써 한반도에 오랫동안 드리웠던 먹구름이 걷히고 비로소 서광이 비치기 시작했다.

판문점 선언은 평화를 갈망하는 한민족의 가슴 속에 잊을 수 없는 감동을 주었으며 생중계로 판문점 평화의 집 남북정상회담을 지켜본 전 세계인들도 아낌없는 박수를 보냈다. 오전에 남북정상이 손을 맞잡고 군사분계선을 넘을 땐 가슴 뭉클한 전율이 느껴졌으며 오후에 선언문을 번갈아 발표하고 서로 얼싸안는 모습은 영원히 역사에 남을 명장면이었다.

4.27판문점 선언에 대해 우리 국민들이 그 어느 때보다 열렬한 환호와 갈채를 보내는 것은 남다른 감회가 있기 때문이다. 남북화해의 장이 마련되고 판문점 선언이 나오기까지 한반도에는 수많은 난관과 고비가 있었다. 불과 몇 달 전까지만 해도 북·미의 핵전쟁이라는 일촉즉발의 위기상황에 시달렸고 한반도 평화와 통일은 분명한 우리의 문제이면서도 우리의 목소리를 제대로 반영하지 못하고 외세에 의해 끌려 다니는 무기력한 모습을 보였다.

그런데 판문점 남북정상회담을 계기로 위기상황을 대화국면으로 전환시켰을 뿐만 아니라 전쟁의 공포를 불식시키고 한반도 평화의 로드맵을 완성케 한 것이다. 이 같은 일련의 과정을 처음부터 우리가 주도하여 한반도 및 동북아 안보질서의 변화를 모색하는 계기를 만들었다는 점에서 큰 의미가 있다.

그러나 중요한 것은 지금부터다. 판문점 선언은 이제 겨우 첫발을 내디뎠을 뿐이고 판문점 선언의 성패가 달린 싱가포르 북·미 회담을 앞두고 있다. 북미회담의 결과가 어찌 될지는 아무도 모른다. 다만 분명한 것은 지나친 낙관도 비관도 경계해야 한다는 것이다. 이젠 감성보다는 냉철한 이성의 눈으로 주변을 살펴야 한다. 남북은 신뢰를 바탕으로 판문점 선언을 실행에 옮겨야 한다. 이번 '판문점 선언'에서 가장 주목해야 하는 것은 한반도의 '완전한 비핵화'라는 단어이다.

이 문제가 전제되어야 비로소 북·미회담의 순항을 담보할 수 있으며 이 문제가 해결되어야 한반도 평화체제 구축도 남북관계 발전도 동북아의 안정도 진전될 수 있기 때문이다. 남과 북은 조국과 민족의 장래를 위한 문제이기 때문에 큰 틀에서 합의가 가능했지만 곧바로 이어질 북·미 회담에서는 북의 비핵화 실행을 위한 논의과정에서 필연적으로 아전인수의 논리에 삐걱거리는 파열음이 생길 소지가 있다. 최악의 경우에는 판이 깨질 수도 있다는 점도 명심해야 한다.

북·미간에 비핵화의 시한, 비핵화의 방식, 비핵화의 범위 등 철저히 자국의 이익을 위한 저울질과 기 싸움이 수반될 것이기 때문이다. 벌써 남·북·미는 한바탕 홍역을 치렀다. 그 외에도 성격이 급하고 개성이 강한 두 정상의 돌출행동 또한 변수가 될 수도 있고 주변국들의 보이지 않는 트릭이 작용할 수도 있다. 그러기에 남·북·미 모두 돌다리도 두드리며 건너는 지혜가 필요한 시점이다.

그나마 한 가지 다행스러운 것은 김정은 위원장의 과거와 다른 비핵화에 대한 확고한 의지 표명이다. 남북정상회담에서 비핵화를 명문화했을 뿐만 아니라 평양표준시까지 원래대로 되돌리고 북한에 억류됐던 한국계 미국인 3명을 석방했고 핵실험의 진원지인 풍계리 핵실험장을 폐기하면서 연일 비핵화에 진정성이 있음을 보여주고 있다. 김정은 위원장의 이 같은 행보에 미국의 폼페이오 국무장관이나 트럼프 대통령 역시 매우 만족감을 표출하고 있어 북·미 회담에 대한 밝은 전망을 예고하고 있다. 우리 8천만 겨레의 염원이 헛되지 않는다면 한반도 평화체제 완성은 꿈이 아닌 현실로 다가올 것이다.

싱가포르 북미회담은 성사되어야 한다

2018. 05. 24

6월 12일 싱가포르 북미회담이 양국 간 기 싸움 끝에 좌초될 위기에 처했다. 공교롭게도 북한 김정은 위원장이 핵폐기의 첫 번째 수순인 풍계리 핵실험장을 폭파하던 날 미국 트럼프 대통령은 북미회담을 전격 취소한다고 발표했다. 기행을 일삼는 트럼프답게 세계를 깜짝 놀라게 했다. 그런데 그 이유가 참으로 옹색하다. 알려진 대로 정상회담 취소발표가 나오게 된 주 원인이 최선희 북한 외무성 부상의 발언이 문제가 된 것이라면 북미회담의 중대성에 비추어 볼 때 설득력이 약하다.

참모들의 범주를 벗어난 독설은 이미 이전부터 있어왔다. 그 발단은 존 볼턴 백악관 국가안보보좌관이다. 그의 매끄럽지 못한 발언은 항상 불씨를 안고 있었다. 그의 북한에 대한 리비아식 해법 고집과 주마가편(走馬加鞭) 식 다그침이 도화선이 되어 북한의 김계관 외무성 제1부상의 강경 담화문으로 이어졌기 때문이다. 미국은 북한으로서는 받아들일 수 없는 카드를 빼들고 연일 북한을 압박했고 북한의 강경한 반발과 함께 태도 돌변으로 이어졌다.

순조롭게 진행되던 남·북·미의 관계가 걷잡을 수 없는 수렁 속으로 빠져들게 된 것은 이때부터다. 한 번 어긋난 수레바퀴는 궤도를 이탈하기 시작했고 급기야는 이 같은 최악의 상태가 되고 말았다. 당혹감을 느낀 청와대와 백악관은 곧바로 북한의 진의 파악에 나섰고 미국의 강성 고위 관료들 사이에는 또 다시 북미회담 회의론에 불을 붙이기 시작했다. 물론 이 같은 현상이 나타나게 된 것은 양국이 정상회담에서 밀리지 않겠다는 주도권다툼의 복합적 성격을 내포하고 있는 것도 사실이다.

얼마 전 북·중 정상회담 당시 트럼프 대통령은 중국의 배후설을 흘리며 북·중을 향해 견제구를 던진 것처럼 한·미 정상회담을 앞두고 북한이 한·미 두 정상을 향해 과도한 경고성 메시지를 보낸 것을 보아도 알 수 있다. 그러나 북·미 정상들과 참모들의 안일하고 미숙한 처사는 평화를 갈망하는 한민족과 세계인들에게 결과적으로 씻을 수 없는 충격과 실망을 안겨주었다.

북미회담은 반드시 열려야 한다. 싱가포르 북미회담은 예정대로 열릴 것으로 확신한다. 트럼프 대통령은 북미회담 취소발언을 당장 취소하고 결자해지(結者解之)해야 한다. 지금부터 74년 전 식민통치로 고통 받은 한반도는 아무 잘못도 없이 전범국 일본 대신 희생양이 되어 분단이 되었다. 그 주범이 러시아 크림반도 얄타에서 휴양을 즐기던 미국, 영국, 소련의 세 나라 정상들이었다.

그런데 한민족에게 모처럼 찾아온 천금 같은 기회를 또 다시 강대국에 의해 무산된다면 하늘이 두렵지 않은가. 북미회담을 연기하거나 깬다는 것은 있을 수 없는 일이다. 이번 싱가포르 북미회담은 어느 개인의 감정에 따라 좌지우지할 수 있는 일이 아니다. 매우 엄중하고도 또 엄중하다. 한민족의 염원은 불처럼 뜨겁고 세계의 이목도 북미회담에 집중되어 있다. 만에 하나 실패한다면 한반도는 물론 세계가 요동칠 수 있는 폭발력을 가지고 있기에 그렇다.

물론 70년 묵은 굳은 틀을 깨고 새 틀로 바꾸는 데 파열음이 나지 않을 수는 없다. 그리고 지금까지 상식을 뛰어넘는 초고속질주에 대한 반작용으로 속도조절을 위한 숨고르기일 수도 있다. 비온 뒤에 땅이 더 굳어진다는 속언도 있다. 싱가포르 북미회담은 반드시 성사되어야 한다. 김정은과 트럼프 양국 정상은 심각한 기로에 서있음을 알아야 한다. 어떤 결정을 내리느냐에 따라 역사는 인류의 평화를 일구어낸 위대한 지도자로 기억하거나 평화를 짓밟고 전쟁을 택한 인사로 기록될 것이기 때문이다.

거대한 방축도 개미구멍 하나로 무너진다는 사실 또한 잊어서는 안 된다. 역사상 사소한 감정싸움이 세계대전으로 비화된 예는 수없이 많다. 힘 겨루기나 기 싸움은 한 번으로 족하다. 또 다시 도를 넘는 전략이 반복되거나 감정에 치우친 언사가 계속되면 쥐는 잡지 못하고 항아리만 깨는 결과가 될 수 있다.

소탐대실(小貪大失)을 피하고 전화위복(轉禍爲福)이 되기를 간절히 염원한다. 북·미는 아직 두 정상이 만나지도 않았다. 당연히 신뢰형성도 되지 않은 상태. 한 번은 만나보고 나서 결정할 문제가 아닌가. 지나친 경계나 불필요한 장외공방은 서로가 자제해야 한다. 이미 한 차례 공방을 마쳤다. 이제는 역지사지(易地思之)의 냉철한 판단이 요구되는 시점이다. 한반도의 명운이 걸린 이번 싱가포르 북미회담은 반드시 성공적으로 결실을 거두어야 한다. 북미 두 정상의 현명한 판단을 기대한다.

북미정상회담이 성공하려면

2018. 06. 04

　6.12싱가포르 북미정상회담이 치열한 샅바싸움을 끝내고 진검승부를 앞두고 있다. 북미는 한때 기 싸움이 지나쳐 파국 직전까지 갔다가 기사회생했다. 북한은 물론 미국 트럼프 대통령까지 '벼랑 끝 전술'을 구사한 끝에 얻어진 결과다. 양국 모두 회담의 주도권을 놓고 한 치도 양보할 수 없는 치열한 대립이 계속되고 있다는 방증이다.

　돌이켜 보면 지난 4월 27일 3차 남북정상회담과 '판문점 선언'이 나온 뒤부터 급류를 타게 된 한반도 문제는 한 달여 동안 숨 가쁘게 전개되었다. 잊을 만하면 한 번씩 열리던 '한반도 문제 해결'을 위한 정상회담이 이젠 일상이 되다시피 했고 주변국들의 교차외교 또한 활발하게 진행되고 있다. 그 만큼 이번 싱가포르 북미정상회담의 비중과 파급력이 크다는 것을 말한다.

　기대가 큰 만큼 그에 따른 굴곡도 만만치 않았다. 참모들의 지나친 공격성 발언과 불신까지 겹쳐 발생한 트럼프 대통령의 5.24북미회담 취소발언이 가장 큰 고비였다. 5월 26일 북측지역 판문각에서 열린 4차 남북정상회담으로 위기는 면했지만 아직도 우려는 여전히 남아 있다. 번개로도 불려진 4차 남북정상회담은 여러 가지 면에서 의미가 컸다. 그 중에서도 특히 문재인 대통령의 노련한 중재가 빛을 발한 회담이었다. 북미회담이 사그라지던 기로에서 혼신의 힘을 다해 그 불씨를 살려냈다. 북미회담과 남북관계 모두 실마리가 풀렸고 남·북·미 정상들도 예방접종까지 마쳤으니 어쩌면 북미회담 성공을 위한 전화위복이 된 셈이다.

북미회담에서 다룰 가장 큰 쟁점은 이미 나와 있다. 미국 트럼프 대통령은 북한의 완전한 비핵화를 조기에 달성하려는 것이고 북한 김정은 위원장은 완전하고 제도적인 체제보장을 원한다. 북한은 CVID(완전하고 검증가능하며 불가역적인 비핵화)에 대해서는 이미 결심을 굳혔고 별다른 이견이 없는 것으로 확인되었다. 그러나 이를 실행했을 때 미국이 내놓을 보상은 무엇이며 이를 어떤 방식으로 보장할 것인가에 대한 불안감은 여전히 존재한다.

결국 북미 간에 첨예하게 대립하고 있는 문제는 북한의 완전한 비핵화와 그에 대한 미국의 보상방식이다. 이 문제를 두 나라가 만족할 수 있도록 어떻게 도출해 내느냐가 북미회담의 성패를 가름할 것으로 보인다. 당초 미국에서는 존 볼턴 등이 리비아식 해법과 PVID(영구적이고 검증가능하며 되돌릴 수 없는 대량살상무기 해체)를 주장했으나 한 번 홍역을 치름으로써 소멸되고 대신 완화된 방식의 '트럼프 모델'을 꺼내들었다. 그러나 이마저도 북한의 우려를 완전히 불식시키기에는 미흡한 것이 사실이다. 북한은 'CVIG'(완전하고 검증 가능하며 불가역적 체제보장)를 원하고 있다. 이 간극을 어떻게 좁히느냐가 세계인들이 주시하는 관전 포인트가 될 것이다.

회담은 성사될 것으로 보이지만 정작 지금부터가 중요하다. 암초는 아직 곳곳에 남아 있다. 또 다시 문제가 발생한다면 이번엔 북한에 의해 제기될 확률이 높다. 초지일관 북한이 떨쳐버리지 못하고 있는 체제보장과 안보불안 때문이다. 북미회담이 성공하려면 이 문제에 대한 트럼프 대통령의 통 큰 결단이 반드시 필요하다. 미국 내 정세와 맞물려 독단으로 강행하기에는 한계가 있어 고민이 깊을 것이다.

그럼에도 불구하고 이 문제는 미국이 풀어야 한다. 판문점 북·미 실무회담에서도 논의되겠지만 전향적으로 유추해 볼 수 있는 것은 최소한 '남·북·미 3자의 종전선언'이나 '북미 상호 불가침에 대한 약속' 그리고 순조롭게 진행된다면 '북미수교'나 '한반도 평화협정에 대한 문제' 등이 테이블에 올려질 것으로 보인다. 또 의외로 '남·북·미·중' 4자가 참여하는 종전선언도 기대해 볼 수 있다. 이 모든 것이 미국이 결심하고 선도하면 전 세계가 호응할 것은 너무나도 자명한 일이다.

이제 주사위는 던져졌다. 한반도 평화체제 구축을 위한 대장정은 그 누구도 되돌릴 수도 없고 되돌려서도 안 된다. 만약 그러한 국가나 집단이 있다면 그것은 우리 한민족의 공적이 될 것이다. 남북은 한반도에 완전한 비핵화를 실행하고 미국은 한반도 종전선언과 평화체제를 견인해야 한다. 70년을 끌어온 한반도 문제를 해결하는 데 남·북·미 모두 최선을 다해 세계사에 길이 남을 대업을 완수하길 바란다.

북미 협상의 성패(成敗)는 신뢰(信賴)에 달렸다

2018. 07. 02

　세기의 담판이라 불리는 북미정상회담이 있은 지 2주가 지났다. 그러나 양 정상이 내놓은 공동성명문을 놓고 아직도 설왕설래가 그치지 않는다. 특히 트럼프를 못마땅하게 생각하는 미국의 주류 언론과 지도층들은 불만의 목소리가 거세다. 9.19공동성명에도 못 미치는 알맹이 없는 추상적 성명이라느니 남북정상회담에서 나온 '판문점 선언' 을 옮겨놓은 것에 불과하다는 혹평까지 쏟아내고 있다. 심지어는 트럼프 대통령이 김정은 위원장에게 농락당한 회담이었다고 폄하하는 인사들도 있다. 누구나 자기의 생각을 말할 수는 있다. 진정성 있는 건전한 충고나 조언 또한 필요하다.

　그러나 똑같은 사안을 놓고도 관점이 다를 수 있다는 사실도 간과해서는 안 된다. 내 생각만 옳다고 주장하는 오류를 범해서는 더 더욱 안 된다. 북한을 국가로 인정하고 싶지 않거나 북한의 과거의 행태를 문제 삼아 불신하는 시각으로 본다면 지극히 불만스럽고 미진한 회담으로 보일 수 있다. 북핵의 선폐기 주장도 사라졌고 소위 'CVID' 라는 구체적 내용도 빠졌다는 것이다. 그렇다면 북한이 미국에게 요구했던 'CVIG'는 성명문에 들어가 있는가. 이는 나무만 보고 숲을 보지 못한 결과다. 공동성명 자체를 불신하기 때문에 실패한 회담으로 보이는 것이다.

다른 시각으로 보는 이들은 싱가포르 북·미 정상회담은 대단히 성공적인 회담이라고 말한다. 양국 정상의 만남 자체만으로도 세계사적 대전환이라고 높게 평가한다. 70년간 지속되어 왔던 북·미간의 적대관계 청산의 시작을 알린 것은 물론이고 마지막 남은 냉전구조마저 해체될 수 있는 기회로 보기 때문이다. 북·미 공동성명 내용을 자세히 보면 중요한 핵심사항은 다 포함되어 있다. 그리고 세계가 지켜보는 앞에서 양 정상이 직접 서명했다. 사상 처음 만남에서 큰 틀의 합의까지 도출해 냈다. 무엇을 더 보여주어야 만족할 수 있는가. 우물가에서 숭늉을 찾기 때문에 보이지 않을 뿐이다.

북·미 정상회담의 핵심은 북한의 '비핵화'와 북한의 '체제보장'이다. 회담 전 미국은 북에게 완전한 비핵화를 요구했고 북한은 미국에게 완전한 체제보장을 원했다. 그런데 공동성명에 그 두 가지가 고스란히 반영되었다. 트럼프 대통령은 북한에 항구적이고 공고한 한반도 평화체제를 약속했고 김정은 위원장은 한반도 완전한 비핵화에 대한 확고한 의지를 거듭 천명했다. 미국 트럼프 대통령은 공동성명 발표 직후 외신들과의 회견에서 수차례 주류의 미국 전직 대통령들을 비판했다. 전직 대통령 그 누구도 이처럼 엄청난 일을 하지 못했다고 강변했다. 그렇지만 나는 해낼 것이라고 자신에 찬 어조로 말했다. 김정은 위원장 역시 세상은 중대하고 깜짝 놀랄만한 변화를 보게 될 것이라고 했다.

이제 지금부터가 중요하다. 북·미 공동성명은 끝이 아니라 시작이다. 핵심사항을 면밀하게 살피며 과거를 답습하지 않는 조속한 후속조치가 이어져야 한다. 더 이상 머뭇거리지 말고 후속협상을 통해 가시적 성과를 보여주어야 한다. 협상이란 누구는 이기고 누구는 패배하는 경쟁이 아니다. '사람'과 싸우는 것이 아니라 '문제'와 싸우는 것이다. 지금부터 '문제'를 풀어나가는 것이 중요한 일이다. 그리고 이보다 더 중요한 일은 신뢰구축이다. 북·미 정상회담의 성패(成敗)는 성명서 문구에 있는 것이 아니라 북·미간의 신뢰형성에 달렸다. 신뢰를 잃게 되면 그 어느 것도 이루어지지 않는다. 반드시 실패하게 되어 있다. 앞으로 비핵화에 대한 검증은 필연적 중대사인데 서로 불신하면 검증자체가 이미 그 의미를 잃게 되기 때문이다. 그러나 신뢰가 쌓이게 되면 시간 단축은 물론 불가능한 난제(難題)까지도 상생으로 전환시킬 수 있다. 북·미는 반드시 그 같은 방향(方向)으로 가야 한다.

트럼프 대통령은 지난 21일 백악관 각료회의에서 북의 '전면적 비핵화'는 이미 시작되었다. 북은 이미 미사일 발사를 멈췄고 대형 핵실험장을 폭파했다. 우리는 매우 빠르게 끝내기를 원한다고 말하며(UFG) 한미 연합훈련 중단과 주한 미군 철수 카드까지 빼들었다. 또 한 편으로는 빈번한 북·중간의 정상회담을 예의주시하며 대북제재 1년 유예도 함께 발표했다. 당근과 채찍을 들고 북을 주시하고 있다. 이는 아직도 두 사람의 신뢰가 흔들리고 있다는 방증이다.

이제 북한이 답할 차례다. 미군의 유해송환과 더불어 미사일 엔진 시험장 폐기 같은 확실한 의지를 행동으로 보여주어야 한다. 그리고 미국은 더 큰 선물을 준비해야 한다. 우리 정부 역시 냉철한 비판적 시각으로 북·미의 움직임을 관찰해야 한다. 한국전쟁 68주년을 맞아 김정은 위원장과 트럼프 대통령은 다시 한 번 상기해야 할 것이 있다. 한반도가 마지막 냉전지역이며 70년이 흐른 지금까지 아직도 전쟁이 끝나지 않았고, 한반도의 팔천만 국민들은 '전쟁과 평화' '생과 사'의 갈림길에서 두 사람의 결단과 행동을 지켜보고 있다는 사실을 잊지 말아야 한다.

북미 협상, 시간표보다 실행이 중요하다

2018. 07. 30

북·미의 '6.12정상회담과 공동성명'이 나온 지 50여 일이 되었다. 그런데 이를 실행하기 위한 후속 실무협상이 난항을 겪고 있다. 국제사회도 북한의 비핵화가 뚜렷한 진전이 없음을 우려의 시선으로 지켜보고 있다. 이제 한국이 나서야 한다고 문재인 대통령의 역할론까지 거론되고 있다.

북·미가 겉으론 애써 상대방을 향해 덕담을 주고받으며 별 문제가 없는 것처럼 말하고 있지만 속내를 들여다보면 그렇지가 않다. 북한의 침묵이 길어지고 북핵문제가 교착상태에 빠지자 트럼프 대통령의 빠른 비핵화에 대한 카드는 접은 것처럼 보인다. 연일 비핵화 협상에 대해 "시간제한도 속도제한도 없다"며 속도조절을 언급하고 있다. 그러나 그 말속에 자신의 신념보다는 뜻대로 되지 않는 데 대한 곤혹스러움이 더 커 보인다. 한손에는 북한을 달래기 위한 속도조절이라는 당근을 들고 다른 손에는 인권과 대북제재라는 채찍을 휘둘러보지만 둘 다 효과는 신통치 않다.

김정은 위원장 역시 정상회담 이후 계속 뒷걸음 행보를 보이고 있다. 판문점이나 싱가포르에서 보여주었던 적극성도 화끈함도 많이 퇴색되어 비핵화 의지를 의심케 한다. 북미정상회담 일주일 만에 가졌던 시진핑 주석과의 세 번째 독대 이후 북핵문제에 대한 태도변화에 무게가 실리고 있다. 미국이 폼페이오 국무장관을 평양에 보내 조속한 비핵화 시간표를 요구했을 때도 면담불가는 물론 조속한 '종전선언'을 내세우며 거칠게 반발했던 것도 이를 뒷받침한다.

잦은 현지지도 등 국내문제에 몰두하는 것조차 시간 끌기 전략으로 보는 시선도 있다. 북미의 양보 없는 치열한 수 싸움이 본격적으로 시작되었다는 방증이다. 북·미 양국이 국내외의 비판여론을 의식해 가까스로 '미군 유해송환'이라는 돌파구를 만들어 봉합하는 모양새를 취하고 있지만 이는 국제사회의 비핵화에 대한 기대에는 훨씬 못 미치는 수준이다.

실제로 북미정상회담 당시와 비교해 보면 북·미간에 엇박자와 함께 균형이 깨진 것을 알 수 있다. 두 정상 간의 소통은 겉돌고 있고 미국의 조급함과 북한의 협상전술이 한 치의 양보 없이 부딪치고 있다. 싱가포르 정상회담에서 합의한 내용을 실행하기 위한 실무협의팀도 구성만 했을 뿐 개점휴업상태다. 유해송환을 위한 장성급 회담만 가까스로 성사되었을 뿐이다. 이 같은 현상이 나타나게 된 것은 고차방정식보다 어려운 북핵문제를 너무 쉽게 생각했기 때문이다. 북미정상회담은 그 자체만 해도 세계사의 물줄기를 바꿀 수 있을 만큼 큰 사건이었다. 더구나 북한의 비핵화와 체제보장은 켜켜이 묵은 중대사인데 그 사전준비가 미흡했음을 뜻한다. 70년 적대관계에 있던 양정상이 만난다는 사실에 치우쳐 준비는 소홀히 한 채 기대치만 높여왔기에 빚어진 현상이다. 처음부터 완전한 비핵화와 완전한 체제보장이란 많은 시간이 필요하고 지난한 과정임을 솔직하게 인정하고 철저한 준비가 수반됐어야 했다.

2005년에 나온 9.19공동성명만 하더라도 성명이 나오기까지 준비기간만

3개월이 걸렸고 후속협상만도 3년이란 긴 시간이 필요했다. 더구나 그때는 핵사찰이나 폐기, 평화체제 같은 난제는 전면에 내세우지 않았음에도 그랬다. 그러나 이번 북미공동성명은 그때와는 성격도 형식도 완전히 다르다. 북한의 완전한 비핵화와 미국의 완전한 체제보장을 전제로 만났고 양국정상은 호언장담했다. 예전처럼 실무협상 후에 양국정상이 만난 것이 아니라 두 정상이 먼저 만나 이 사실을 만천하에 서명하고 공표했다.

이는 국제사회와의 약속이다. 그러기에 북·미는 어떠한 경우라도 이를 되돌릴 수는 없다. 반드시 이 약속을 지켜야 한다. 여기에 어떠한 변명도 핑계도 통하지 않는다. 북·미는 이미 공동운명체임을 전제로 이 난제를 풀어가야 한다. 실무회담도 이 사실에 초점을 맞추고 실행과 성사를 위한 배수의 진을 쳐야 한다. 그렇게 하기 위해서 다음 몇 가지 사항을 주문한다.

첫째, 김정은 위원장과 트럼프 대통령은 정략적 접근을 원천 봉쇄하고 합의 이행을 위해 정치의 명운을 걸어야 한다. 21세기 요동치는 역사의 중심에 서 있음을 명심하고 매 사안마다 통 큰 결정을 내려야 한다. 정략적 접근으로는 어느 쪽도 성공할 수 없다. 실패한 외교는 더 큰 참화를 불러오게 될 것이다.

둘째, 협상에 대한 시간표나 속도를 배제하고 문제가 해결될 때까지 실무팀을 상시 운용해 동력이 상실되지 않도록 해야 한다. 그리 한다 해도 원만한 합의가 이루어져 양국이 원하는 바가 성사될 때까지는 엄청난 시간이 소요될 것이다.

셋째, 단계적 동시적 시행원칙에 따라 이미 양국이 제시하고 있는 '미군 유해송환'이나 한반도 '종전 선언' 같은 비교적 쉬운 문제부터 조속히 실행에 옮겨야 한다. 시간 끌기나 머뭇거림 속에는 악마가 꿈틀대고 있다는 사실을 잊어서는 안 된다. 실행이 지연되면 국제사회도 외면하게 될 것이다. 한반도의 비핵화와 평화정착을 위한 대장정의 알찬 결실을 기대한다.

북미는 한 걸음 더 나아가야 한다

2018. 08. 30

북·미 관계가 답보상태를 넘어 위기상황으로 치닫고 있다. 기대를 모았던 미국 폼페이오 국무장관의 4차 방북도 결국 철회되었다. 북·미 모두 이렇다 할 진전된 움직임도 보이지 않는다. 한반도 평화와 북한의 비핵화를 위해 중요한 시기에 대립각을 세우며 소모적인 기 싸움만 벌이고 있다. 우선 표면적 이유는 북한은 종전선언 약속을 이행하라는 것이고 미국은 북핵을 먼저 신고하라는 것이다.

그러나 북한은 그동안 풍계리 핵실험장을 폭파하고 동창리 미사일 엔진 시험장을 폐쇄했으며 미군 유해송환까지 최대한의 성의를 보였다. 그런데 미국은 한미합동군사훈련 중단 외에 아무것도 내놓지 않고 있다. 북한이 반발하는 이유다. 단계적 동시적 이행대신 오히려 대북제재 강화를 언급한 데 대한 불만이 폭발한 것이다.

알려진 대로 북한의 김영철 부위원장이 트럼프 대통령에게 보낸 서신의 핵심은 균형을 맞추자는 것이다. 우리는 종전선언을 원하고 있다. 그러니

오려면 그것을 들고 오라는 것이다. 바꾸어 말하면 종전선언이라는 선물 없이는 방북은 무의미하다는 것이다. 공은 미국 트럼프 대통령에게 던져졌다.

그런데 문제는 트럼프 대통령의 태도가 여전히 냉온탕을 오락가락하고 있다. 정치적 선언에 불과한 종전선언이라는 선물을 주고 비핵화의 단계를 높이면 되는데 트럼프답지 않게 미적거리고 있다. 물론 북한의 '핵리스트' 핑계가 있긴 하지만 설득력이 약하다. 그보다는 녹록치 않는 속사정이 있어 보인다.

국내적으로는 11월 미 중간 선거를 앞두고 탄핵이야기가 나올 정도로 정치적 어려움을 겪고 있다. 대외적으로는 세계 각국과의 갈등이 지속되고 있다. 특히 중국과는 무역전쟁과 맞물려 북한의 비핵화를 방해하는 배후세력으로 의심하고 있다. 또한 정치적 선언에 불과한 종전선언을 붙잡고 놓지 않으려는 것은 종전선언 후에 내놓을 마땅한 카드부재가 원인일 수도 있다. 한 마디로 진퇴양난이다.

트럼프 대통령은 김정은 위원장의 양보를 기대하는 눈치다. 차마 자존심이 허락지 않아 머뭇거리는 것으로 보인다. 우회해서 문재인 대통령의 중재를 기다리고 있다. 구원투수 역할을 맡은 문재인 대통령의 발 빠른 행보가 요구된다. 평양남북정상회담이 언제 이루어질지 모르지만 그 때까지 기다리기엔 사정이 너무 급박하다. 미적거리다가 자칫 파국을 불러올 수 있다.

다행히 한국정부가 남북정상회담을 위한 특사단 파견을 고려하고 있다. 특사단 파견이 중재를 위한 절호의 기회일 수 있다. 문재인 대통령이 친서를 보내 김정은 위원장을 설득할 수 있다면 싱가포르 회담 때의 위기 해소에 이어 또 한 번의 빛나는 업적이 될 수 있을 것이다. 외교는 무엇보다 타이밍이 중요하다. 실기하지 않기를 바란다.

지금 북미 양국이 벌이고 있는 무책임한 처사는 결코 올바른 선택이 아니다. 평화를 갈망하는 한반도는 물론 세계를 우롱하는 것이다. 북·미 모두 명분도 없고 시간적 여유도 없다. 트럼프 대통령은 정치적 운명이 걸린 11월 중간선거가 코앞에 와있고 김정은 위원장은 공화국 수립 70주년이 되는 9.9절에 인민들에게 그럴 듯한 성과를 제시해야 한다. 김정은 위원장이 종전선언에 집착하는 이유도 거기에 있다.

역사적으로 강경책으로 맞서 좋은 결과를 기대하는 것은 어리석은 일이다. 미국의 폼페이오 국무장관은 조만간 평양에 다시 가야 한다. 김영철 부위원장이 미국에 다시 가도 좋다. 관계가 악화되고 상황이 어려울수록 만나야 한다. 외교에 정답은 없다. 양정상의 결단과 특사의 발걸음 하나가 북한의 비핵화 진전과 북미관계의 개선은 물론이고 북미정상회담의 견인차 역할이 될 수 있음을 결코 배제해서는 안 된다.

북·미는 한 걸음씩 더 다가서야 한다. 이미 주사위는 던져졌다. 남·북·미 그 누구도 한반도의 비핵화와 평화정착에 대한 판을 깰 수는 없다. 되돌리기에는 이미 늦었다. 북·미 수뇌부는 자국의 강경파들을 설득하고 싱가포르 공동성명의 약속을 지켜야 한다. '새로운 북·미 관계 수립' '평화체제 구축' '완전한 비핵화'의 정신으로 나아가야 한다. 이는 후세에 길이 남을 위대한 역사를 창조하는 것이다.

쓸데없는 사족을 달아 샛길로 빠져서는 안 된다. 특히 김정은 위원장은 한반도 8,000만의 명운이 걸린 문제임을 명심해야 한다. 문재인 대통령도 좌고우면하지 말고 적극적인 중재에 나서야 한다. 남·북·미 모두 한 걸음씩 나아가 한반도 평화의 문이 활짝 열리기를 고대한다.

남북, 한미, 북미 연쇄(連鎖) 정상회담

2018. 09. 17

　싱가포르 정상회담 이후 교착상태에 빠졌던 북·미관계가 다시 탄력을 받고 있다. 위기에 처했던 북미 비핵화 협상의 돌파구를 마련함으로써 급한 불은 껐다. 문재인 대통령이 중재자로 나서면서부터다. 북미의 갈등으로 비핵화의 장기화와 파국에 대한 우려가 커지고 있는 가운데 한반도 운전자로서 다시 한 번 빛을 발했다. 남북정상회담 특사단에게 평양에 친서를 보내 북한을 설득했고 김정은 위원장은 특사단을 통해 트럼프 대통령에게 친서를 전했다. 트럼프 대통령도 긍정적 반응을 보였다. 수차례나 감사표시를 한 것만 보아도 북한과의 대화에 속도가 붙을 것으로 전망된다. 이번 친서는 김정은 위원장이 트럼프 대통령에게 보내는 네 번째 친서다. 북한이 처음으로 비핵화 시점을 못 박은 것이 이번 친서의 핵심이다. 김정은 위원장이 2021년 1월 트럼프 대통령 전반기 임기 안에 비핵화를 완료하겠다고 약속했다. 11월 중간 선거를 앞두고 정치적으로 어려움을 겪고 있는 트럼프 대통령에게는 매우 고무적인 선물을 안겨 준 셈이다.

그러나 이 같은 특사를 통한 친서정치에는 한계가 있다. 돌파구 마련에는 유효할지 몰라도 결정적인 합의나 신뢰를 축적하기에는 미흡한 점이 많다. 더구나 1차 북미정상회담이 톱다운 방식으로 이루어졌기 때문에 북·미간에는 아직 조율되지 않은 난제가 많이 남아 있어 파열음만 난무한다. 그래서 당사자가 만나야 한다. 직접 만나서 진의를 파악해야 불필요한 오해를 막을 수 있고 신뢰 축적과 함께 통 큰 결단을 내릴 수 있다. 돌이켜 보면 지난 4.27판문점 선언 이전에 한반도에는 지금보다 훨씬 더 큰 위기가 있었음을 우리는 기억하고 있다. 그때도 판문점 남북정상회담으로 물꼬를 텄고 연이은 한미정상회담에서 북미정상회담을 이끌어 냈다.

또 6.12싱가포르 제1차 북미회담 직전에도 파국에 이를 뻔했으나 판문점 2차 남북번개회담으로 역사적인 북미회담을 성사시킨 바 있다. 김정은, 트럼프 양 정상은 성격이 강하다. 추진력은 강하지만 부딪치기가 쉽다. 노련한 중재자가 필요하다. 북미 양 정상도 그것을 익히 알고 있기에 급할 때마다 문재인 대통령에게 손을 내미는 것이다.

북한의 완전한 비핵화와 한반도에 완전한 평화가 정착되기에는 앞으로도 변수도 많고 가야 할 길은 멀다. 북미는 지금 이 시간에도 불신의 늪에서 헤어나지 못하고 있다. 미국이 2차 정상회담에 대한 성사 가능성을 드러내며 친밀감을 표시하고 있고 북한도 정권수립 70주년 기념일인 9.9절에서 미국을 자극하지 않으려는 저수위의 절제된 면을 보여주었다. 하지만 물밑 눈치싸움은 여전히 치열하게 전개되고 있다.

이대로 가면 금년 내내 한반도 종전선언과 북한의 선 비핵화에 대해 팽팽한 줄다리기만 계속될 것이다. 또 한반도 평화정착을 저해하려는 세력도 엄연히 존재한다. 자칫 파국으로 끝날 수도 있다. 문재인 대통령의 좀 더 정교하고 주도적인 중재노력이 요구되는 이유다. 그렇다고 중재가 양국의 비위맞추기가 되어서는 안 된다. 연쇄정상회담이 순조롭게 진행된다는 보장이 없고 뜻하지 않은 돌출변수에도 대비해야 한다. 북미가 거절할 수 없는 접점을 찾아내 제시해야 한다. 북한에게는 비핵화에 대한 속도를 요구하고 미국에게는 그에 대한 상응조치를 강도 높게 설득해야 한다. 과거에는 강대국들의 회담결과에 따라 한반도가 움직였다면 이제는 남북이 한 걸음 앞서서 이들을 견인해 나갈 때가 되었다.

중·러·일 등 주변국들의 협조를 끌어내기 위한 관리도 결코 소홀히 해서는 안 된다. 주연은 남·북·미지만 이들 조연들의 협조와 방해에 따라 판이 달라질 수도 있기 때문이다. 돌다리도 두들겨 보고 건너라는 속담이 있다. 미국과 패권다툼을 벌이고 있는 중국과는 시진핑 국가주석의 조기 방한과 한중정상회담을 적극 추진하여 북핵문제 해결이나 외교안보에 부정적으로 작용하지 않도록 단속해야 한다.

재집권이 확실시 되고 있는 일본 아베 총리에게는 김정은 위원장의 비핵화 의지가 확고함을 알리고 한반도 평화가 동북아 평화를 여는 열쇠임을 각인시켜야 한다. 러시아 푸틴 대통령에게도 러시아가 유엔총회에서 한반도 평화정착을 적극 지지하고 미국이 북한의 비핵화 의지에 화답하여 통큰 결단을 내리는 데 협력할 수 있도록 유도해야 할 것이다.

따라서 이번 9월 18~20일에 있을 3차 평양남북정상회담은 매우 중요한 회담이 될 것이다. 남북문제의 현안도 산적해 있고 남북정상회담의 성공이 북미정상회담으로 가는 지렛대 역할을 할 것이기 때문이다. 북한의 비핵화와 한반도의 평화정착을 위해 전 국민의 지지와 단결된 힘이 절실하다. 정치권도 판문점 선언의 국회 비준을 포함하여 초당적 결의로 힘을 실어주어야 한다. 이를 바탕으로 9월말 뉴욕 유엔총회에서의 한미정상회담이 순조롭게 진행되고 10월중 제2차 북미정상회담이 성사되어 한반도문제의 획기적인 전기가 마련되기를 염원한다.

한반도 평화 분수령 될 2차 북미정상회담

2018. 10. 15

북·미가 다시 접점을 찾았다. 네 번째로 북한을 방문한 미국 폼페이오 국무장관은 김정은 위원장과의 회동에서 생산적인 이야기를 나누었고 2차 북미정상회담이 빠른 시일 안에 열릴 것이라고 했다. 동창리, 풍계리 핵시설 폐기 검증을 위한 사찰단이 방북하게 된다고도 했다. 그 외에는 비핵화와 상응조치에 대한 긍정적 진전이 있었다고만 할 뿐 구체적 내용은 알려진 것이 없다. 이번 방북이 빈손이 아닌 것만은 분명하지만 그렇다고 주목할 만한 성과도 보이지 않는다. 추측성 전망만 요란하다. 오히려 범위를 넓혀 혼란만 가중시키고 있다. 폼페이오 장관의 평화협정에 대한 언급과 협정에 중국의 참여, 생화학 무기 폐기와 북미수교, 영변 핵시설 폐기와 대북제재 완화 이야기까지 흘러나온다.

하지만 지나친 낙관은 이르다. 이제 겨우 교착국면에서 벗어나 돌파구를 마련했을 뿐이다. 아직 갈 길은 멀고 험하다. 북·미 정상회담을 앞두고 갑자기 북·중·러 정상들의 외교 움직임도 덩달아 요동치고 있다. 북한의 제재완화를 위한 포석으로 보인다. 아직 견제의 끈을 놓지 않고 있다는 증거다. 북·미정상회담은 빠를수록 좋다. 모든 핵심적 결정은 김정은 위원장과 트럼프 대통령의 2차 정상회담에서 나올 것이기 때문이다.

북·미정상회담의 본질은 70년 적대를 청산하고 한반도의 전쟁 종식과 평화체제 완성이라는 막중한 과제를 해결하는 것이다. 입으로만 신뢰 운운하지 말고 더 과감하게 실제행동으로 옮겨야 한다. 그리고 다시 되돌릴 수 없는 구체적 결과를 내놓아야 한다. 지금 진행되고 있는 과정을 자세히 들여다보면 화려한 수사들은 난무하지만 속빈 강정이나 다름없다.

트럼프 대통령은 선 비핵화와 대북제재만 주장하고 있을 뿐 종전선언에 대해서는 일언반구 말이 없다. 갈 길은 먼데 종전선언에 너무 오랜 시간 발이 묶여 있다. 한반도 문제를 해결하는 데 있어 종전선언은 상대적으로 쉬운 일에 속한다. 그 쉬운 정치적 선언을 망설이면서 어떻게 더 큰 것을 얻을 수 있겠는가. 세계의 판도를 바꿀 것 같던 그 자신감은 어디로 갔는가.

김정은 위원장 역시 가장 중요한 핵무기 리스트의 신고에 대해서는 일체 언급이 없다. 영변 핵시설 폐기카드까지만 내밀고 트럼프 대통령의 반응을 주시하고 있다. 이렇게 결단을 미루고 있다가는 또 다시 과거를 답습하는 우를 범하게 될 것이다. 현 시점에서는 트럼프 대통령이 먼저 결단하는 것이 옳다. 강대국이 한 걸음 앞서 행동으로 보여주어야 한다. 그래야 신뢰가 확보된다.

북한이 더 이상 나가지 못하는 것은 비핵 후 체제보장에 대한 불신 때문이다. 협상에 있어 불신은 언제 폭발할지 모르는 시한폭탄과 같다. 현 시점에서 종전선언은 신뢰의 상징처럼 되어 있다. 트럼프 대통령은 2차 정상회담에서 이 문제의 매듭을 풀어야 한다.

만일 지금까지 해 왔던 방식이 어렵다고 판단되면 과감하게 다른 방법을 찾아야 한다. 이른바 통 큰 빅딜이다. 어차피 한반도 문제는 상상을 뛰어

넘는 결단이 아니고서는 해결될 수 없는 일이다. 왜 그 긴 세월을 낭비하면서도 해결되지 않았겠는가. 생각해 보면 답이 나온다. 북·미 두 정상은 과거의 실패를 반면교사로 삼아야 한다. 작은 것에 매달려 시간낭비하지 말고 순서를 바꾸어 가장 중요한 핵심부터 단판 승부를 내야 한다.

예컨대 가장 나중에 해야 할 일을 가장 먼저 하는 것이다. 북한의 모든 핵의 폐기와 평화협정을 한꺼번에 일괄 타결하는 방법이다. 북한의 비핵화 과정이 지금과 같은 방식으로 신고, 사찰, 폐기, 검증 순으로 진행된다면 아무리 빨라도 10년은 족히 걸릴 것이다. 그 오랜 과정에서 한 번만 삐끗해도 모든 것이 물거품이 된다.

또 트럼프가 실각하거나 미국 정권이 바뀌어도 실행이 계속 유지된다는 보장도 없다. 그것도 이미 경험한 바다. 2001년 '클린턴'에서 '조지 W. 부시'로 정권이 바뀌자 순조롭게 진행되던 핵 협상이 완전히 뒤집어졌다. 싱가포르 1차 정상회담 이후에도 중국의 배후를 의심한 사소한 사안을 구실삼아 종전선언을 미루고 한미합동훈련 재개를 공언하며 교착국면을 만들지 않았나. 시간을 끌다 보면 위험요소는 도처에 상존해 있다. 중국, 일본을 비롯한 주변국들의 농간으로 판이 흔들릴 수도 있고 피로감으로 인해 의욕이 소멸될 수도 있다.

단계적 해법이나 상응조치들은 일면 합리적이고 그럴 듯해 보이지만 추진과정에서 실패할 확률이 높다. 단기간의 일괄타결, 이것은 양 정상의 결단과 의지에 달린 문제다. 결코 황당하거나 불가능한 일이 아니다. 문제 해결에 공식이 있는 것도 아니며 난제를 푸는 방법에는 상식을 초월할 필요도 있는 법이다. 한반도 평화의 분수령이 될 2차 북미정상회담에서 한반도의 새 역사가 창출되기를 바란다.

북미의 원칙 없는 비핵화 방정식 · 1

2018. 11. 19

북미의 비핵화 협상이 좀처럼 속도를 내지 못하고 있다. 표면상으로 나타난 원인은 미국의 핵신고, 핵폐기 요구와 북한의 체제보장, 제재완화의 상응조치 주장이 접점을 찾지 못한 채 겉돌고 있다. 그러나 속내를 들여다보면 북한은 미국을 믿지 못하고 미국은 북한을 압박해 항복을 받으려는 속셈이 엿보인다. 상생의 논리가 아니라 승패의 논리가 지배하고 있다.

북미협상의 교착상태가 길어지자 일각에서는 비핵화에 대한 회의론마저 나오고 있다. 순조롭게 성사될 것 같던 2차 북미정상회담은 시점조차 불투명하고 미국 폼페이오 국무장관과 김영철 북한 노동당 부위원장의 고위급회담마저 난항을 겪고 있으니 그렇게 생각하는 것도 무리가 아니다.

그러나 이것은 북 · 미가 자초한 결과다. 초심을 잃고 원칙을 외면해 생긴 일이다. 트럼프 대통령과 김정은 위원장이 말은 서로 신뢰하고 있으며 잘 될 것이라고 하면서 실행에는 인색하니 진도가 나가지 않는 것이다. 6.12 당시의 기대에 부응하지 못하고 네 탓 공방만 벌이고 있다.

가뜩이나 풀기 어려운 북핵 방정식이다. 이 난제를 풀려면 흔들림 없는 원칙과 신뢰가 중요하다. 북·미가 가장 중요한 원칙과 신뢰를 외면하면서 어려운 국면이 되고 말았다. 미국 중간선거 이전과 이후에 보여준 북미의 태도변화는 이를 극명하게 보여준다. 앞으로 있을 비핵화 협상이 험난할 것임을 예고하는 증좌다. 미국 중간선거 이전에는 북한의 목소리가 컸다. 트럼프 대통령의 승패가 불투명한 선거전을 틈타 김정은 위원장이 한껏 여유를 부리며 '종전선언'과 '제재완화'라는 양손에 떡을 한꺼번에 얻으려 욕심을 부렸다.

그러나 지금은 중간선거에서 선방한 트럼프 대통령이 주도권을 쥐고 반격을 시작했다. 북한의 요구를 거절하고 오바마의 '전략적 인내'를 답습하고 있다. 비핵화 이전에는 아무것도 줄 수 없다며 강경노선으로 맞서고 있다. 동서고금을 통해 외교에서 상대방의 약점을 노려 자기의 이익만을 극대화 하려는 도박은 통하지 않는다. 더 큰 화를 키우게 되고 결국엔 파국을 맞게 된다.

좀 더 거슬러 올라가 북미의 싱가포르 1차 정상회담 이후의 과정을 복기해 보면 매우 아쉬운 대목이 보인다. 북한이 과거와 달리 선뜻 핵, 미사일 동결과 핵실험장 폭파 등, 선제조치를 취하며 종전선언에 집착했을 때가 비핵화의 골든타임이었다. 순조롭게 진행되던 비핵 시간표가 미국이 호언장담하던 종전선언 약속을 거두면서 행동대 행동 원칙이 깨지고 말았다. 그때부터 비핵 방정식은 꼬이기 시작했고 '북한의 비핵화와 한반도 평화체제 완성'이라는 북미협상의 대원칙은 실종되고 말았다.

그 후 북미관계는 시간 끌기 놀음으로 변질되었다. 단순한 숨고르기가 아니라 서로 끝없는 의심 속에 선행조치와 상응조치만 요구하고 있다. 북한의 요구대로 미국이 종전선언 약속을 지켰다면 현 상황은 180도 달라졌을 것이다. 양국의 신뢰는 돈독해졌을 것이고 북한은 훨씬 더 진전된 핵 보따리를 풀 수밖에 없었을 것이다.

그러나 아직 늦지 않았다. 싱가포르 공동성명에서 두 정상이 세계를 향해 보여준 언사들이 허풍이 아니라면 지금부터라도 철저히 초심으로 돌아가 '북한의 비핵화와 한반도 평화체제 완성'이라는 대원칙에 충실해야 한다. 그렇게 할 수 있는 방법에는 대략 세 가지가 있다.

첫째, 미국이 대국답게 먼저 신뢰를 보여주는 방법이다. 북한이 요구하는 상응조치를 취함으로써 북한의 불안감을 해소시키는 것이다. 어쩌면 이것이 북한 비핵화의 가장 상책(上策)이 될 수 있다. 북한이 안심하고 핵(核)을 버리고 경제(經濟)를 택하게 해야 하다. 트럼프 대통령의 핵을 버리면 북한이 바라는 바를 이루게 해 주겠다는 말 대신 북한이 공감할 수 있는 종전선언이나 대북제재 완화와 같은 실질적 당근을 내밀어야 된다는 말이다.

둘째, 북한이 미국의 선행조치 요구대로 대담하고 파격적 양보를 하는 방법이다. 북한의 비핵화 약속을 믿지 못하는 국제사회를 향해 완전한 속살까지 드러냄으로써 진정성을 보이는 것이다. 그러나 이것은 실행된다면 좋겠지만 가능성은 매우 희박하다. 김정은 위원장의 결단도 강경한 군부의 설득도 어렵지만 그같이 했다가 파탄이 난 나라들을 지켜보았던 터라 트라우마(Trauma)를 극복하고 결행하기란 쉽지 않을 것이다.

셋째, 다시 원위치로 돌아가 철저하게 행동대 행동의 원칙을 지키는 것이다. '한반도 비핵화와 평화체제의 완성'이라는 명제를 충실하게 실천하는 것이다. 시간이 걸리는 일이지만 원칙만 지켜진다면 가장 합리적인 방법이 될 것이다. 여기서 가장 중요한 것은 신뢰다. 신뢰가 유지된다면 상책(上策)이 되지만 신뢰가 손상되면 시간만 끌다가 파국에 이르는 하책(下策)으로 전락하고 말 것이다.

북미의 원칙 없는 비핵화 방정식 · 2

2019. 03. 10

하노이 2차 북미정상회담은 완전히 실패한 회담이다. 이는 어쩌면 이미 예고된 일이기도 했다. 세기의 담판을 준비하는 북미의 태도는 교만했다. 진지함도 절실함도 없었다. 회담을 성사시키려는 치밀함이나 상대방의 의중을 파악하려는 노력보다는 겉포장에만 열을 올렸다. 아무리 톱다운 방식의 회담이라지만 실무회담은 두 차례 만난 게 전부였다.

그중 한 번은 현지에 가서야 정상회담을 코앞에 두고 만났다. 북한의 비핵화에 대한 결단도 트럼프의 속내도 베일 속에 가려져 있었다. 북한의 비핵화는 물론 미국의 상응조치에 대한 개념조차 불투명했다. 회담장소가 '다낭'이냐 '하노이'냐에 초점이 맞춰지고 충동적이고 감성적 언어만 난무했다. 회담에서 가장 중요한 핵심주제는 실종되고 과정은 소홀했으며 원칙마저 무시된 회담이었다.

톱다운 방식의 치명적 단점만을 여실히 보여준 회담이었다. 통념상 실패한 정상회담은 없다는 말이 있지만 이번엔 달랐다. 북미 두 정상은 자신들이 제공할 구체적 실천방안보다는 상대방에 대한 막연한 기대에만 의존하고 있었다. 일찍이 이런 회담이 성공한 예가 없다.

하노이 회담은 1차 싱가포르 회담 이후 냉각기를 거쳐 우여곡절 끝에 성사된 회담이었다. 가까스로 2차 정상회담을 합의한 후, 두 정상은 수차례 정상회담에 임하는 입장표명을 해 왔다. 두 정상의 말들을 한 마디로 정리하면 회담 성공을 확신한다는 것이었다. 입만 열면 희망적인 말들로 가득했다. 하노이에서 우리는 의기투합할 것이며 통 큰 결정이 임박한 것처럼 강조해 왔다. 실제로 2월 27일 정상회담 첫날 메트로폴 호텔에서 만났을 때에도 그랬다.

김정은 위원장은 260일 만에 다시 만난 소회를 피력하면서 지난 8개월은 많은 고민과 인내의 시간을 보냈다. 이번에 모든 사람이 반기는 훌륭한 결과가 만들어질 것을 확신하며 또 그렇게 하겠다고 했다. 트럼프 대통령 역시 김 위원장과 함께해서 영광이며 북한의 무한한 경제발전 잠재력을 높게 평가하고 반드시 그렇게 되도록 할 것이라 했다. 예정시간을 초과하면서까지 진행된 약식 단독회담과 만찬회동까지 140분은 하노이 정상회담의 성공을 자축하는 것처럼 보였다.

하노이 정상회담은 이른바 톱다운 방식이었다. 두 정상은 그동안 교착국면을 맞을 때마다 그 같은 방식으로 문제를 해결해 왔다. 김정은·트럼프 두 정상이 하는 말 한 마디는 회담의 결과를 예측할 수 있는 가장 중요한 바로미터가 되었다. 그러기에 두 정상의 장담에 외신들도 큰 한방을 기대하며 한껏 고무되어 있었다.

예상보다 훨씬 진전된 북의 비핵화 조치와 미국의 상응조치가 나올 것이라는 전망을 쏟아내기 시작했다. 내용은 대략 '한국전쟁종전, 평양 연락사무소 개설, 영변핵시설 완전 폐기, 대북제재 완화' 같은 장밋빛 기사들로 장식됐다.

그렇다. 아무리 외교적인 언사라 치부한다 해도 두 정상의 이 같은 메시지는 큰 울림이었다. 우리 국민들은 물론이고 일본을 제외한 전 세계인들의 기대치를 높이기에 충분했다. 그런데 다음날 정작 뚜껑을 열고 보니 아무 것도 없는 빈 깡통이었다. 세계인들은 물론 3,000명이 넘는 그 많은 취재진들은 실망을 넘어 사기를 당한 느낌이었다.

그 흔한 합의문도 없었고 오찬마저 취소한 채 싱겁게 끝나고 말았다. 그렇다고 치열한 논쟁이 있었다거나 한쪽이 회담장을 박차고 나간 것도 아니었다. 회담은 실패로 끝났는데 두 정상의 표정은 그다지 실망스런 표정을 읽을 수 없었다. 묘한 여운만을 남긴 채 헤어졌다.

뒤늦게 화면으로 보여준 회담장 안의 모습도 낯설고 비정상이었다. 미국 존 볼턴 국가안보좌관의 앞자리에 북한 대표는 보이지 않았다. 당시 볼턴의 역할이 무엇이었는지 정확히 알 수는 없다.

그러나 회담 결렬의 결정적 이유가 미국이 북한에 대한 비핵화를 단계적이 아닌 일괄타결을 요구한 때문이라고 알려지면서 강경파인 그를 주목하게 된 것이다. 또 갑자기 발생한 트럼프 개인의 신상문제와 워싱턴 징계를 장악하고 있는 주류 정치권의 압력이 변수로 작용한 것으로 보는 시각도 있다.

버스가 지나간 뒤에 회담 결렬 책임을 따지는 것은 무의미한 일이다. 회담 역시 성공으로만 귀결되는 것도 아니다. 그렇다 해도 실패의 원인이 무엇인지 살피는 일은 다음 회담의 성공을 위해서 중요한 일이다. 외교에서 일방통행은 없다. 최소한의 원칙은 지켜져야 한다. 상황에 따라 즉흥적으로 말을 바꾸고 결렬책임을 상대방 탓으로만 돌리는 행태는 회담의 자세가 아니다.

어쨌든 원칙을 외면한 회담의 대가는 혹독할 것이다. 자칫 파국으로 이어질 수도 있고 3차, 4차 회담을 한다 해도 오랜 시간이 필요할 것이다. 관객들의 반응과 기대 또한 전과 같지 않을 것이다.

그러나 이번 회담을 통해서 한 가지 분명해진 것은 있다. 미국은 북한이 모든 핵을 내놓지 않으면 아무것도 줄 수 없다는 점을 분명히 한 것이다. 여기에 대한 북한의 반응이 주목된다. 김정은 위원장이 장고에 돌입할 가능성이 높다.

그러나 북미 모두 대화 외에 뾰족한 방법이 없다. 시간이 지나면 두 정상은 결국 다시 만날 것이다. 하지만 명심할 것이 있다. 개인의 정치적 야망에 몰입하면 결코 영웅이 될 수 없고 자국의 이익만 챙기려 든다면 새 역사 실현은 어렵다는 점이다.

북미, 셈법 바꾸고 다시 만나라

2019. 06. 10

 북미관계가 좀처럼 개선될 기미가 보이지 않는다. 북핵문제는 수면 아래로 가라앉아 정체상태에 놓여있고 남북관계도 원활하지 않다. 북한은 아직도 하노이의 충격에서 벗어나지 못하고 있다. 연이어 미사일을 발사하고 미국을 맹비난하며 반발의 수위를 높이고 있다. 또 중국과 러시아에 손을 내밀고 유엔을 무대로 여론전까지 펼치며 미국의 태도변화를 요구하고 있다. 북한의 이와 같은 일련의 행보는 어쩌면 대화재개에 대한 강한 의지의 표현일 수도 있다.

 또한 미국과의 장기전에 대비하는 한편 여차하면 궤도이탈까지 염두에 둔 포석으로 보인다. 북한이 하노이에서 미국의 속셈을 완전히 파악했기 때문이다. 북한은 하노이 회담 직후 3차 북미정상회담의 유효시한을 연말까지로 못 박고 배수의 진을 쳤다.

 이것은 미국이 북한이 주장하고 있는 단계적 해법을 무시하고 일괄타결안을 강요한 데 따른 것이다. 북한은 미국이 강조하는 리비아식 선 비핵화

요구는 절대 들어줄 수 없다는 것을 분명히 했다. 북한은 이것을 항복요구로 받아들이고 있다.

아직까지 미국의 입장도 변한 것이 없다. 트럼프 대통령이 김정은 위원장이 나와의 약속을 지킬 것이라 믿는다고 신뢰를 강조하고 있지만 본질은 변한 것이 없다. 북핵 일괄타결에 대한 의지를 일관되게 고수하고 있다.

한 발 더 나아가 강력한 대북제재까지 병행하고 있다. 북한 선박을 압류하고 몰수까지 추진하며 북한을 옭죄고 있다. 그것도 유엔 안전보장이사회의 결의가 아닌 미국 국내법을 적용하면서까지 거세게 북한을 몰아붙이고 있다.

이는 2005년에 북한의 숨통을 조였던 마카오 BDA은행 사태와 맞먹는 고강도의 조치로써 북한을 최대한 압박하고 있는 것이다. 그뿐 아니라 북핵문제 해결의 키를 쥐고 있는 관료들까지 나서 북한을 거칠게 성토하고 있다. 호전적 성향의 볼턴 보좌관의 협상무용론과 전쟁불사 발언은 물론이고 북한의 협상 파트너였던 폼페이오 국무장관도 대북제재 해제는 없다고 누누이 강조하고 있다. 결국 미국도 대화의 문은 닫지 않겠지만 선 비핵화, 일괄타결 방침에 변함이 없음을 단언하고 있는 것이다.

그러나 국제외교에서 일방통행은 있을 수 없다. 북미의 이 같은 강(强)대 강(强)의 셈법은 바람직스럽지 못하다. 매우 위험한 함정이다. 비핵화의 시계를 과거 2년 전으로 되돌리는 행위다. 한반도를 또 다시 빙하기로 만들려는 무책임한 처사다.

북미 간 교착상태가 장기화되면 북핵문제 해결과 한반도 평화체제는 동력을 잃게 된다. 북미 간 70년 만에 조성된 천금 같은 화해의 기회도 물거품이 된다. 이는 어느 일방이 아닌 북미 모두가 큰 타격을 입게 되는 어리석은 짓이다. 자칫 정상들의 정치생명도 위태롭게 되고 애써 쌓아올린 평화의 싹도 소멸되고 만다. 지나친 힘겨루기는 필연적으로 파멸을 초래할 수밖에 없다.

그래서 방관은 금물이다. 더 큰 불상사가 생기기 전에 되돌려야 한다. 전 세계를 전쟁터로 만들고 수천 만의 인명살상을 낸 인류 최대의 비극이었던 제1차 세계대전도 시작은 사소한 감정싸움에서 비롯되었다는 사실을 되새겨볼 시점이다.

북미정상은 강성대결의 셈법을 바꾸고 조속히 다시 만나야 한다. 불필요한 대치국면이 오래 가면 초심은 사라지고 돌발변수가 출현해 판이 깨지게 된다. 서로의 입장을 익히 꿰뚫고 있는 북미가 어렵게 조성된 대화의 장을 쉽게 버릴 것으로 생각진 않는다.

하지만 중요한 것은 협상테이블에 먼지가 앉기 전에 마주 앉아야 한다. 실기(失機)가 가장 무서운 적이기 때문이다. 그러기 위해서는 양국이 한 발씩 양보하는 길밖에 없다. 북미 정상은 아집을 버리고 큰 틀에서 묘수를 찾아야 한다. 이 문제는 미국이 먼저 풀어야 한다. 미국이 대국답게 앞장서 3차 북미정상회담을 견인해야 한다. 미국은 지금까지 북한에게 요구만 했지 특별하게 내준 것이 없다.

트럼프 대통령은 미국의 역대 대통령 중 자신만이 유일하게 북한을 대화의 장으로 끌어냈고 핵실험마저 중단시켰다는 것을 자랑삼아 말하고 있다. 지금 그 호언을 실현시킬 절호의 기회다.

미국은 북한을 대화의 장으로 나오게 해야 한다. 대북제재 강화로 북한을 굴복시킬 수는 없다. 중국과 러시아가 뒷문을 열어주기 때문이다. 북한이 협상 테이블에 복귀할 명분과 당근이 필요하다. 북핵 일괄타결이라는 고정관념에서 벗어나 한 단계 낮은 해법을 제시하고 미국 내부의 엇박자나 불협화음도 철저히 단속해야 한다.

북한 역시 한 걸음 더 다가서야 한다. 우선 핵에 대한 미련을 버려야 한다. 진정으로 나라를 변혁시키고 인민을 굶주림에서 해방시키려면 핵을 끌어안기보다 빅딜의 큰 정치를 해야 한다. 더구나 미사일 발사 같은 오해의 소지가 있는 행위는 자제해야 한다.

　외교의 기본은 신뢰다. 또한 주고받는 것이다. 여기에서 벗어나 할 수 있는 일은 전쟁밖에 없다. 전쟁은 공멸을 의미한다. 이미 한미정상은 6월말 한반도 현안을 논의하기 위해 회담이 예고된 상태다. 그러나 그 전에라도 남북정상이 판문점에서 만나거나 아니면 특사교환을 통해서라도 허심탄회한 대화의 필요성이 요구된다. 정작 따지고 보면 한반도 평화는 우리가 해결해야 할 문제이기 때문이다.

북미협상의 변수로 떠오른 핵동결론

2019. 07. 29

　판문점 남북미 회동 이후 미국이 북한에 대한 전략을 수정했다. 일관성에서 유연성으로 바뀌었다. 그중에서도 북한 핵동결에 관한 문제가 핵심으로 떠오르고 있다. 북한이 영변 핵시설의 완전 폐기와 대륙간 탄도미사일(ICBM)을 포함한 핵 프로그램의 전면 동결에 나설 경우 상응조치를 취하겠다는 것이다. 대북 인도적 지원과 인적 교류 확대, 연락사무소 설치 등 다양한 시나리오를 검토하고 있는 것으로 알려졌다. 비핵화 전에는 아무것도 내줄 수 없다던 종전의 선 비핵화에서 한 발 물러선 것이다.

　가장 주목되는 것은 대북제재 일부를 유예할 수도 있다는 점을 언급한 대목이다. 특히 개성공단 재개와 석탄과 섬유 등 일부 품목에 대한 수출금지를 풀어줄 수 있다는 구체적 사안까지 거론되고 있다. 이는 실무회담 의제의 핵심사항이 될 수 있다. 또한 북한이 일관되게 주장하고 있는 단계적 해법을 수용했다는 면에서 파격으로 볼 수 있다. 북한의 수용여부가 변수지만 결국 받아들일 것이다. 거부할 명분이 없다. 미국이 북한의 주장을 받아들였기 때문이다. 핵동결 문제는 미국 조야에서도 민감하게 반응하고 있다. 언론과 정가를 중심으로 쟁점으로 부각되고 있다. 민주당을 비롯한 워싱턴의 주류세력들은 핵동결에 대한 의혹의 시선을 거두지 않고 있다. 차기 대선과도 맞물려 집중적 공세를 펴고 있다. 이유는 불신 때문이다.

첫째, 트럼프 대통령에 대한 불신이다. 북핵을 대선 전략의 일환으로 활용하고 있다는 비판이다. 비핵화가 아닌 핵동결을 출구로 북한과 협의한다는 것이다. 지난 5월, 두 차례의 미사일 발사 때 미사일이 아니라고 북한을 두둔했던 트럼프 발언까지 문제 삼고 나섰다. 트럼프 행정부 고위관리들이 총동원돼 핵동결은 비핵화의 입구지 출구가 아니다. 북미협상의 최종목표는 대량살상무기(WMD)의 완전한 제거다. 핵동결이 결코 최종상태가 될 수 없다고 강변해도 믿지 않는다.

둘째, 북한에 대한 불신이다. 핵동결 이후 북한의 태도변화를 기정사실화 하고 있다. 시간이 가면 북핵 협상이 핵동결로 끝날 수도 있다는 것이다. 만일 그리 된다면 30년을 끌어온 북한 비핵화는 물거품이 되고 북한은 핵보유국이 될 것이라는 논리다. 그뿐 아니라 한국, 일본, 대만 등이 전력 불균형을 이유로 핵개발에 나서면 동북아에서 핵개발 도미노현상이 일어날 것이라며 반발하고 있다.

그러나 이는 지나친 비약이다. 한반도 문제의 해결 의지가 없는 데서 기인한다. "북한이 핵무기를 더 이상 추가하지 않고 핵무기 성능을 개선하지 않으며 핵무기와 기술을 이전하지 않는다"는 북핵 동결은 비핵화의 우선순위에 속한다. 그동안 크고 작은 이슈들에 가려 있었지만 매우 시급하고 중요한 사안이 핵동결이란 사실을 간과해서는 안 된다.

오바마 행정부는 그것을 놓치는 우를 범했다. 완전한 핵폐기라는 공허한 주장만을 고집하다 10년을 낭비했다. 소위 '전략적 인내'라는 이름으로 방치한 대가는 혹독했다. 북한에게 핵개발의 호기를 가져다주었다. 북한은 그 기간에 거침없는 비약적 핵발전을 이루었다. 이제 미국과 마주앉아 담판까지 하게 된 것이다. 북한은 핵개발만이 대외 협상력을 키울 수 있는 유일한 수단이다. 체제의 안전을 담보할 확실한 방법이다.

그러기에 지금도 다양한 방법으로 핵개발을 지속하고 있는 것이다. 설사 북미협상 중에 북한이 핵생산 활동을 계속한다 해도 미국은 물론이고 국제사회가 이를 막을 마땅한 방법도 없다. 대북제재 강화 외에는 저지할 제도적 수단이 없기 때문이다. 그래서 북한의 핵동결은 시급하고 중요하며 비핵화로 가는 입구가 될 수밖에 없는 것이다.

북한의 완전한 비핵화와 한반도 평화체제로 가는 길은 멀고 험하다. 모두가 원하는 일이지만 단 한 번에 비핵과 평화체제를 맞바꿀 수는 없다. 그것은 불가능하고 이미 경험한 일이다. 하노이 회담이 실패한 것도 이 때문이다. 트럼프도 지금까지 '선 비핵화와 빅딜'이라는 강경책을 고수해 왔지만 결국 궤도수정을 꾀하고 있다. 그렇다면 가능한 것부터 풀어가는 것이 순리다. 모든 여건이 지금처럼 한반도문제 해결에 가까이 다가서 있는 때도 없었다. 북핵문제 또한 예외가 아니다. 북한이 보유하고 있는 과거핵, 현재핵, 미래핵 중 가장 시급한 것이 현재핵과 미래핵이다. 당연히 핵동결이 흥정의 우선순위가 될 수밖에 없다.

일찍이 미국의 페리가 주장한 것처럼 북한의 확실한 핵동결과 미국의 파격적 상응조치가 선행되어야 한다. 그래야 비로소 신뢰가 쌓이고 다음단계로 나아가는 발판이 되어 종착역에 도달할 것이다. 트럼프와 김정은 두 정상이 대선만을 생각하거나 대북제재 해제만을 고집한다면 비핵화와 한반도 평화체제 모두 요원한 일이다.

정치 지도자들에게 세계 역사를 바꿀 기회는 흔치 않다. 남북미 정상들은 판문점에서 쏟아냈던 말들을 복기해 보고 소탐대실(小貪大失)하거나 천재일우(千載一遇)의 기회를 잃지 않기를 바란다.

북미는 과연 진정성(眞正性)이 있는가

2019.09.30

여름 내내 꽁꽁 얼어붙었던 북미관계가 가을로 접어들면서 해빙의 기미가 보인다. 먼저 손을 내민 것은 북한 김정은 위원장이다. 교착국면을 깨기위한 방편으로 미국 트럼프 대통령에게 두 차례의 친서를 보낸 것이 시발점이 되었다. 단서가 붙긴 했지만 최선희 부상을 통해 대화 재개의사도 밝혔다.

김정은 친서에 담긴 내용이 무엇인지 알려진 바 없으나 트럼프도 긍정적으로 화답했다. 친서를 받은 트럼프가 곧바로 대북 강경파의 상징이었던 안보보좌관 볼턴을 경질했다. 또 그동안 고수해 왔던 '일괄타결'과 '리비아 모델'에 대한 반대를 공개적으로 표명했다.

북한이 하노이 회담에 대한 충격을 딛고 진일보한 새로운 길을 모색했다면 그것은 분명 고무적인 일이다. 미국이 타협 불가의 고착화 된 생각을 완전히 바꿨다면 그 또한 다행스런 일이다. 세계인의 관심을 모아온 북미회담이 아무 성과 없이 끝난다면 김정은 트럼프 두 정상은 비난받아 마땅하다. 이들이 처음부터 진정성(眞正性) 없는 게임으로 세계를 농락한 셈이기 때문이다.

북한은 내친 김에 남북관계도 원상회복해야 한다. 지금 남과 북은 대화 단절상태에 놓여 있다. '하노이 회담' 결렬에 대한 실망과 '한미군사훈련'을 핑계로 내세우고 있지만 그 변명은 옹색하다. 지난해 한반도에는 엄청난 일들이 벌어졌다. 평창 동계올림픽을 계기로 남북은 교류협력을 통한 통일 기반 구축의 대장정을 시작했다.

4.27판문점 정상회담을 비롯해 한해에 무려 세 차례의 남북정상회담이 열렸다. 9월에는 남북군사합의를 포함한 '9.19평양공동선언'이 있었다. 그뿐 아니라 한국 대통령으로는 처음으로 능라도 5.1 경기장에서 15만 북한 주민들에게 연설하는 감격적 순간도 있었다.

또 남북정상이 함께 민족의 성지인 백두산 천지에 올라 맞잡은 손을 치켜든 장면은 세계인들의 가슴 속에 한반도 통일의 가능성을 각인시켜 주었다. 그런데 북한은 남북이 함께 새로운 비전을 제시해야 할 시점에 대화 단절을 선언했다. 미사일과 장사포를 쏘아대며 위협했다. 이는 그야말로 표리부동(表裏不同)이요 조변석개(朝變夕改)다. 도저히 이해할 수 없는 처사다.

한미관계 역시 원활하지 못하다. 미국의 동맹 경시가 가장 큰 원인이다. 일본의 무역도발로 한일이 사투를 벌이고 있는데 미국은 노골적으로 일본 편을 들었다. 그것도 모자라 한국을 조롱하기까지 했다. 이는 동맹을 넘어 대국으로서 할 짓이 아니다. 더구나 한반도의 '비핵화와 평화체제'라는 난제를 앞에 놓고 있는 시점이다.

일본의 농간으로 南北美 세 나라가 흔들리고 있다. 南北美는 한반도의 '비핵화와 평화체제' 당사자들이다. 南北美의 협력 없이 이 난제를 해결할 수는 없다. 고사에 삼족정립(三足鼎立)이란 말이 있다. 정(鼎)이란 글자는 세

개의 다리가 달린 솥의 모양을 나타낸다. 세 다리가 균형을 이루어야 바로 설 수 있다는 뜻이다. 세 다리 중 어느 한쪽이 균형을 잃으면 넘어질 수밖에 없다. 그것은 재앙(災殃)이다.

지금 북한과 미국은 세 다리중 하나인 한국정부를 가벼이 여기고 있다. 이는 대단히 잘못된 판단이다. 앞으로 전개될 북미 간의 지난한 비핵화 협상이 남아있다. 한반도 평화체제라는 큰 그림을 완성하려면 한국의 역할이 절대적임을 북미는 명심해야 한다.

북미대화 시계가 다시 작동하자마자 문재인 대통령은 또 다시 중재자 역할을 떠맡게 되었다. 본인이 원해서가 아니다. 미국의 요청에 의한 것이다. 원래 유엔총회 참석에 총리가 예정되었으나 대통령으로 바뀐 것만 보아도 미국의 속내를 알 수 있다. 뉴욕 한미회담 결과에 관계없이 북한도 머지않아 한국에 도움의 신호를 보낼 것이다.

그러나 그것이 중요한 것은 아니다. 남북미 정상에게 필요한 것은 만남 그 자체보다 무엇을 준비해 가지고 만나느냐다. 정작 회담의 성패(成敗)여부는 여기에 달려 있다. 북한도 미국도 상대에게만 새로운 셈법을 요구하지 말고 각자 새로운 셈법을 준비해서 만나야 한다. 권리보다 의무를 먼저 생각하는 것이 핵심이다. 그런 생각 없이 협상 테이블에 마주 앉아 봐야 신통한 결과가 나올 수가 없다. 역지사지(易地思之)해야 한다. 상대방이 원하는 바를 들어 줄 수 있는 진정성이 담보되어야 한다. 진정성이 없는 만남은 시간 낭비일 뿐이다.

미국의 셈법은 비핵화의 대상과 범위를 확정지어 불확실성을 없애려는 것이다. 그것은 한 마디로 북한을 못 믿겠다는 것이다. 과거 수차례의 북미 협상 결렬에 대한 학습효과에 기인한 것이다. 그러기에 북한은 과거와는 확연히 다른 카드를 내밀어야 한다. 미사일 발사나 핵시설 가동 같은 행위는 불신을 조장하는 일이다.

미국을 못 믿는 것은 북한도 마찬가지다. 그토록 집요하게 단계적 동시적 해법을 주장하는 것은 결국 미국이 말하는 비핵화 후 약속을 못 믿겠다는 것이다. 미국이 주장했던 '리비아 모델'을 혐오하는 것도 카다피의 망령 때문이다.

또 '트럼프 리스크'를 경계하는 측면도 있다. 미 대선을 목전에 두고 있는 지금 트럼프의 재선 가능성이 불투명하다는 점이다. 차기 대통령에 대한 불신과 불안이 도사리고 있을 것이다.

결국 북·미가 과감한 결단을 내리지 못하는 이유는 두 가지다. 하나는 불신이고 또 하나는 애초에 진정성이 없는 것이다. 불신은 고칠 수가 있지만 진정성이 없다면 구제불능이다. 북미는 과연 진정성(眞正性)이 있는가?

북미, 실행의지 없는 전략적 만남은 허구(虛構)다

2020. 02. 22

북미의 교착국면은 쉽게 풀릴 것 같지 않다. 비단 코로나 때문만은 아니다. 특별한 변수가 생기지 않는 한 미국 대선이 끝나야 그나마 윤곽이 드러날 것으로 보인다. 어쩌면 다시 회복되지 않을 수 있다는 견해도 있다. 억측이 아니다. 그 같은 예측을 하게 만든 것은 바로 북미 정상들이다. 두 정상은 그 같은 사실을 이미 앞 다투어 분명하게 확인해 주었다.

김정은은 지난 연말 미국에 대한 요구사항과 시한을 정해놓고 답이 없으면 새로운 길을 가겠다고 선언한 바 있다. 트럼프는 북한의 제의를 거부했다. 이후 김정은은 연말 당 전원회의에서 자력갱생을 통한 대북제재 정면돌파를 천명했다. 핵·경제 병진노선으로 회귀한 것이다. 트럼프 역시 마찬가지다. 자신이 한반도를 전쟁의 위협에서 구했노라고 자랑하던 그도 11월 대선 전에는 김정은과의 3차 정상회담은 없다고 못 박았다. 대북라인도 대폭 교체해 버렸다. 김정은은 연일 무력증강에 나서며 내부결속을 다지고 있고 트럼프는 코로나와 싸우면서 대선에 몰입하고 있다.

북미정상회담은 김정은·트럼프 두 정상의 결단이 있었기에 가능했다. 특히 트럼프는 과거 미국 대통령들과는 결이 다른 행보를 보여왔다. 톱다운 방식이라는 카드를 꺼내들고 의욕을 보였다. 하지만 합의에 실패했다. 오는 11월에 치러질 미 대선에서 트럼프의 재선여부가 결정된다. 그러나 한 가지 분명한 것은 결과가 어떻게 되든 북미관계는 예전 같지 않을 것이라는 점이다.

트럼프가 낙선을 하면 그동안의 노력은 허사가 될 것이고 민주당 대통령이 누가 되든 트럼프의 대북정책을 그대로 승계할 확률은 매우 낮다. 설령 트럼프가 재선을 한다 해도 북미관계는 새로운 국면으로 접어들 것이다. 북한에 대한 미국의 요구는 지금보다 더 강화될 것이고 북한은 더 거세게 반발할 것이다.

트럼프와 김정은 두 정상이 협상에 임하는 생각을 바꾸지 않는 한 또 다른 평행선의 연장일 뿐이다. 북한의 비핵화, 한반도 평화체제 완성은 말처럼 쉬운 일이 아니다. 더구나 70년 넘게 고착화된 한반도 냉전의 틀을 깨는 것은 대혁명에 버금가는 일이다. 20세기의 낡은 유물인 이 문제를 해결한 지도자는 영웅의 반열에 오를 것이다. 그러나 김정은과 트럼프 두 정상은 이 같은 천재일우(千載一遇)의 기회를 살려내지 못했다. 지난 1년여 동안 그들이 협상에 임하는 의지는 확고하지 않았고 최선을 다하지도 않았다. 북한이 과연 핵을 버릴 각오가 되어 있는지 미국은 한반도 평화체제를 진정으로 원하는지 의구심만 증폭시키고 말았다.

벌제위명(伐齊爲名)이란 고사가 있다. 겉으로는 어떤 일을 하는 체하고 속으로는 딴 짓을 하는 것을 이름이다. 즉 명분만 내세우고 실속이 없는 것을 말한다. 북미정상은 세 차례 만났다. 만날 때마다 세상을 떠들썩하게 만들었다. 그것은 세계 유일의 냉전지역인 한반도에 대한 세계인의 관심 때문이었다. 북미 두 정상이 한반도 분단 종식과 평화체제를 실현시킬지 모른다는 가슴 벅찬 기대가 내포되어 있었다.

그러나 결과는 속빈 강정이었다. 많은 사람들에게 실망과 허탈감만 안겨주었다. 북미관계가 파국에 이르자 덩달아 남북관계마저 직격탄을 맞았다. 지금은 북·미나 남·북 관계 어느 것 하나 온전한 것이 없다.

최근 트럼프 대통령이 김정은 위원장에게 친서를 보내고 공개적으로 코로나19 관련 지원을 언급했다. 그러나 북한은 미국의 이러한 손짓에도 미사일만 쏘아대고 있다. 문제는 신뢰다. 북미의 신뢰는 이미 하노이에서 깨졌다. 현재 북미는 서로 진정성을 의심하고 있다. 이를 회복하려면 양국이 과거보다 더 큰 희생을 감수해야 한다. 미국은 변죽만 울릴 게 아니라 북한이 거절할 수 없는 좀 더 구체적이고 실효성 있는 제의를 해야 한다. 북한역시 마찬가지다. 당장 미사일 도발부터 멈춰야 한다. 지금 세계가 초상집인데 미사일로 긴장을 고조시켜 어쩌자는 것인가. 북미정상은 서로 친분만 과시할 것이 아니라 그동안에 공언했던 약속을 실행에 옮기는 모습을 보여야 한다. 그렇지 않다면 다시 만난다 해도 그것은 허구일 뿐이다.

우리 정부도 생각을 달리해야 한다. 북·미의 태도변화만 지켜볼 것이 아니라 주도적 역할을 해야 한다. 북미를 포함한 주변국 설득에 적극 나서야 한다. 이제는 세계를 상대로 균형 있는 다자외교를 펼쳐야 할 때다. 초강대국 틈에 끼어 있는 한반도로서는 처음부터 다자외교만이 살길이었다. 어느 한 나라에 올인하거나 종속되는 것은 매우 위험한 일이다. 세계사의 무수한 사례는 차치하고라도 최근 북한의 도무지 이해할 수 없는 태도 돌변이나 일본과 중국의 횡포, 미국의 비상식적 방위비 요구와 미군철수 협박만 보더라도 그 답은 명확히 나와 있다. 지금 비록 코로나 정국이지만 손을 놓아서는 안 된다. 위기일수록 외교의 성과는 더 빛나는 법이다. 한반도 문제에 대한 정부의 냉철한 판단과 적극적인 외교력 발휘를 촉구한다.

제3부
인류의 평화공존을 위한 과제

평창의 '평화 불씨' 평양 거쳐 워싱턴으로

2018. 02. 26

2018평창동계올림픽이 '평화올림픽' 으로 자리매김했다. 세계인의 눈이 쏠린 평창에서 남과 북은 평화공존의 메시지를 전하고 '대결' 이 아닌 '평화' 를 선언했다. 세계인들도 아낌없는 박수로 남북화합을 응원했다. 제대로 개최될지 걱정까지 했던 평창올림픽은 92개 국 6,500여 명의 선수단이 참가한 사상 최대의 올림픽이자 평화의 상징으로 마무리되었다.

남북관계는 올림픽 기간에 압축적 진전을 보였다. 북한 김정은 위원장은 올해 들어 두 번의 승부수를 던졌다. 평창동계올림픽 참가와 남북정상회담 카드다. 연초 신년사를 통해 평창올림픽 참가를 결단한 데 이어 지난 10일 '특사' 로 여동생 김여정을 보내 3차 남북정상회담까지 제안했다. 국제사회의 제재와 압박국면을 돌파하기 위해 우선 급한 불은 끄고 보자는 의중이 담겨 있다고 볼 수도 있지만 이는 생각지 못한 깜짝 변수였다.

평창올림픽을 계기로 북한과의 대화를 모색해 왔던 정부로서도 남북대화 성사와 함께 남북정상회담 초청에까지 이르게 된 것은 대단히 만족할 만한 성과다. 남북관계가 복원되었다고 해서 당장 북핵문제나 한반도 문제가 해결될 것이라고 장담할 수는 없다. 그러나 상호 신뢰회복의 문을 여는 단초는 마련된 셈이다. 북한과 미국도 대화의 필요성에는 공감하고 있다. 북미 대화마저 성사된다면 이는 한반도 평화정착을 위한 장정에 한 발 더 다가서게 된다.

그러나 현실은 그리 녹록치 않다. 평창의 평화열기를 평양을 거쳐 워싱턴까지 이르게 하려면 풀어야 할 난제가 많다. 우선 북한과 미국을 어떻게 대화의 장으로 견인하는가이다. 북한 김정은 위원장도 "화해의 좋은 분위기를 승화시켜 훌륭한 결과를 쌓는 게 중요하다"고 말하지만 비핵화에 대한 의지는 보이지 않는다. 일관되게 "핵은 흥정의 대상이 아니다"며 핵무력 완성으로 핵보유국 지위를 인정받고 체제안정을 도모하려고 한다.

미국도 마찬가지다. 트럼프 대통령이 북한과의 대화할 준비가 되어 있다고 하고 틸러슨 장관도 "북·미 대화 시기는 북한에 달렸다"고 말하지만 대화의 전제조건이 비핵화임은 명확하다. 이처럼 완강한 북한과 미국을 설득해 대화의 장으로 끌어내야 한다. 남북문제와 북미문제가 맞물려 있기 때문이다. 문재인 대통령이 남북정상회담 초청장을 앞에 놓고 "우물가에서 숭늉을 찾을 수는 없다"며 신중론을 펴는 이유다.

또 하나의 변수는 4월에 재개될 한·미 연합군사훈련이다. 소위 한반도 4월 위기설이다. 한 차례 연기됐던 한·미 연합군사훈련이 한 달 후로 예정되어 있는데, 그대로 강행할 경우 북한의 반발은 너무나 자명한 일이다. 앞으로 남은 한 달이 평화와 위기의 갈림길이 될 것이다. 우리 정부의 중재 역할이 그 어느 때보다 크고 무거워 보인다. 경우에 따라서는 문재인 정부의 외교안보정책이 시험대에 올라 있다고 볼 수 있다.

평양과 워싱턴을 움직여 북·미를 대화의 테이블로 끌어낸다면 정부의 외교력은 모든 우려를 불식시키고 박수를 받기에 충분하다. 그러나 올림픽 이전과 아무런 변화 없이 미국의 대북 군사적 압박이 강화되고 이에 대해 북한이 핵·미사일 카드로 대응하는 패턴이 반복된다면 한반도의 상황은 올림픽 이전보다 오히려 더 악화될 수밖에 없다. 모처럼 타오른 평화의 불씨를 살리는 정부의 창의적 외교가 중요한 시점이다.

어려운 국면인 것은 맞지만 외교력으로 능히 극복할 수 있다. 북한은 당장 강한 압박의 대북제재를 완화시킬 돌파구 마련이 시급하다. 미국 역시 북한에 대한 군사적 옵션을 실행하기에는 부담이 크다. 북한은 남한과의 대화를 통해 미국의 본심을 탐색하려 하고 미국도 압박일변도에서 관여쪽으로 무게중심이 옮겨가고 있음을 감지할 수 있다. 이 틈새를 적극 활용해 정면 돌파해야 한다.

가장 먼저 해야 할 일은 특사 파견이다. 빠를수록 좋다. 올림픽 특수도 끝났다. 좌고우면할 시간이 없다. 특사의 임무가 막중하다. 중량감 있는 인사를 선별해 북·미 양국의 의중과 진정성을 확인하고 설득에 나서야 한다. 북한의 핵·미사일 도발 중단과 한·미 연합군사훈련 축소와 같은 실현 가능성 있는 제안을 통해 북·미간 신뢰와 소통의 장부터 열어야 한다. 또 보폭을 넓혀 한반도 평화에 대한 주변국들의 교감을 이끌어 내는 노력도 병행해야 한다.

역동적으로 펼치는 총력외교만이 한반도 운전대론의 실체가 되고 외교 주도권도 되찾는 일석이조의 성과가 될 것이다. 평창올림픽을 계기로 조성된 한반도 '평화의 불씨'가 더 큰 횃불이 되어 평양을 거쳐 워싱턴에까지 활활 타오를 수 있기를 염원한다.

남북미 정상은 한반도 평화를 견인하라

2018. 04. 02

　한반도에 평화의 싹이 움트고 있다. 4월에는 남·북정상이 만나고 6월에는 북·미 정상이 만난다. 북핵 해결이라는 큰 틀의 밑그림은 이미 그려져 있다. 북핵문제가 '핵동결'이 아닌 '핵폐기'로 가닥을 잡고 만나는 것이다. 그러나 南·北·美 3국 정상들은 기억해야 할 것이 있다. 정상회담에서 나무와 숲을 함께 보아야 한다는 것이다.

　오로지 핵만 보지 말고 한반도 평화체제를 함께 다루어야 한다. 북의 비핵화는 필요조건이지 충분조건은 아니다. 회담의 궁극적 목표는 한반도 평화정착임을 잊어서는 안 된다. 그러기에 급히 서두르기보다는 이를 성사시키는 데 방점을 찍어야 한다. 과정보다 결과가 중요하다. 북핵문제 해결이나 한반도 평화정착에 대한 호기가 다시 올 것 같지 않기 때문이다.

　남북은 평창올림픽을 매개로 대화의 문을 열었다. 북·미는 한국의 중재로 사상 처음 두 나라 정상이 한 테이블에 마주 앉게 되었다. 南·北·美 정상들은 모처럼 만든 기회를 놓쳐서는 안 된다. 우리 정부는 운전자 역할과 중재자 역할 모두에 충실해야 한다. 한반도 미래의 명운이 걸려있는 문제이기 때문이다. 정상회담을 앞두고 있는 북·미는 진정성과 신중함이 요구된다. 양국 모두 군데군데서 조바심이 노출되고 있다.

북한은 긴 시간 단절로 인한 대화 갈증과 미국의 군사 옵션에 대한 두려움과 적대감이 엿보인다. 미국의 트럼프 대통령 역시 민감한 대응이 역력하다. 서둘러 사령탑을 교체하고 배수의 진을 치고 있다. 두 정상의 성격도 모 아니면 도다. 이 같은 북한과 미국을 조율하고 설득하는 조정자 역할이 바로 우리 정부의 몫이다.

南·北·美 정상들은 속전속결을 경계해야 한다. 급하게 서두르다 자칫 소탐대실의 우를 범할 수 있다. 25년을 끌어온 북핵문제를 단숨에 해결하기는 쉽지 않은 일이다. 북·미가 합의를 해도 신고, 사찰, 검증의 복잡한 절차가 기다리고 있다. 북한은 과거의 행태를 되풀이해서는 안 된다. 비핵을 합의해 놓고 약속을 어긴 전력이 수차례나 된다. 세계가 이미 그 사실을 알고 있고 북한의 일거수일투족을 주시하고 있다.

북한이 회담에 나서면서 가장 명심해야 할 것은 바로 신뢰회복이다. 핵무력 완성이라는 자만심을 가지고 전략적 접근을 택하거나 상식에서 벗어난 일탈을 범해서는 안 된다. 핵만으로 체제 안정을 담보할 수 없다는 것을 깨달아야 한다. 북한의 최상의 전략은 핵을 버리고 국제사회와 관계정상화를 꾀하는 것이다.

미국 트럼프 대통령도 북핵문제 해결을 자신의 업적으로 남기려면 진중해야 한다. 어렵게 성사된 북·미 정상회담을 쉽게 생각해서는 안 된다. 북·미 정상의 사상 첫 만남이라는 그 자체로 만족하거나 돌출발언 돌출행동으로 판을 깨서는 안 된다. 미국 중간선거 승리를 위한 이벤트 정도로 가벼이 생각해서는 더욱 안 된다. 북·미 정상회담에서 미국이 가장 원하는 것은 '북핵의 완전 폐기'다. 그렇다면 미국도 북한이 비핵의 조건으로 내세우고 있는 '체제안전 보장'이나 '북미관계 정상화'에 대한 선물을 준비해야 한다. 북한이 자신들의 핵개발이 미국의 '핵위협과 적대시 정책' 때문이라는 말이 다시는 나오지 못하도록 확실한 답을 주어야 할 것이다.

한반도 분단의 책임이 있는 중국과 러시아 일본도 한반도 평화정착에 적극 협력해야 한다. 세 나라는 그만한 책임과 의무가 있다. 그동안 관망하고 있는 사이에 벌써 판은 북한과 미국의 직거래로 움직이고 있다. 중국 러시아 일본은 배제되고 있음을 알아야 한다. 한반도 평화와 통일에 기여할 방법을 지금 찾지 않으면 설 자리가 없다.

남·북 회담과 북·미 회담 결과의 이해득실만 따지지 말고 적극 협력해야 한다. 모든 상황이 과거와는 다르다. 한반도가 잘못 되면 주변국 모두에게 그 불똥이 튀게 되어 있다. 지난해 북·미의 극한대결로 전쟁 일보직전까지 갔던 한반도의 위기가 이젠 강 건너 불이 아니다. 이번 북·미 회담의 결과에 따라 동북아의 번영의 시대를 열 수도 있고 화염에 휩싸일 수도 있음을 명심해야 한다.

한반도에서 전쟁은 아직 끝나지 않았다. 종전이 아닌 휴전상태로 보낸 세월이 65년이 되었다. 이젠 끝내야 한다. 이 지구상에 전쟁도 평화도 아닌 상태로 이처럼 오랜 세월을 보낸 역사가 없다. 그런데 아직도 남남갈등은 여전하다. 일각에서는 북의 비핵화는 한·미동맹과 대북 제재뿐이라 하고 한쪽에서는 제재와 함께 대화와 협상을 통한 해결을 원한다. 그러나 한반도 평화구축을 위한 정상회담이 성공을 거두려면 단결된 힘이 필요하다. 국민들 모두가 주인이 되어야 한다. 또한 회담에 임하는 정상들의 의지가 중요하다. 南·北·美 세 정상들은 위대한 결단으로 한반도 평화(平和)를 견인하기 바란다.

이젠 미국이 답할 차례다

2018. 09. 24

제3차 평양남북정상회담이 성공적으로 마무리됐다. 판문점에 이어 다시 만난 두 정상은 구체적 합의를 담은 희망적 선언문을 내놓았다. 한 마디로 요약하면 비정상인 남북분단 70년을 청산하고 정상화로 나아가기 위한 큰 걸음을 시작한 회담으로 평가된다. 남북의 적대청산과 함께 다양한 교류 협력을 통한 공동번영과 동질성 회복에 대한 방안이 마련되었다. 한반도 문제 해결의 핵심이라 할 수 있는 북한의 비핵화 문제 또한 큰 성과를 거두 었다.

김정은 위원장이 직접 비핵화를 구두로 확약하고 영변 핵시설 완전 폐기 등 실천 방법까지 제시한 것은 쾌거라 아니할 수 없다. 세계를 향해 거듭 비핵화에 대한 의지와 신뢰를 보여준 것이다. 미국의 트럼프 대통령도 남 북정상이 북한 비핵화에 대한 매우 만족할 만한 진전을 이루어냈다고 고 마움을 거듭 밝혔다. 예단하기는 이르지만 이번 평양남북정상회담은 북미 비핵화 협상의 물꼬를 트고 성공을 위한 토대를 마련한 셈이다.

또 이번 남북정상회담은 결과도 좋았지만 그 과정도 파격의 연속이었다. 김정은 위원장 내외의 공항 영접을 비롯해 21발의 예포 발사, 평양 시내 진입로에 늘어선 북한 인민들의 열띤 환영, 노동당 청사의 개방과 백화원의 정상회담, 능라도 5.1경기장에 운집한 15만 북한 인민들에게 행한 문재인 대통령의 감동적 연설, 남북 정상의 백두산 동반등정까지 예전에 볼 수 없었던 최초의 모습들이 연출됨으로써 이를 지켜본 남북 국민들과 세계의 모든 이들에게 감동을 선사했다.

김정은 위원장이 문재인 대통령의 방북기간 중 시종일관 예를 다한 영접도 좋은 인상을 남겼다. 더구나 가까운 시일 안에 서울을 방문하겠다고 한 약속 또한 눈여겨 볼 대목이다. 북한 정상의 사상 최초 방남이자 남북정상회담의 정례화라는 의미가 더해져 의외의 성과로 평가된다. 북한의 최고지도자가 남한의 발전상을 직접 확인할 수 있는 기회라는 점에서도 환영할 만한 일이다.

그러나 북한의 비핵화와 한반도 평화체제 구축에는 아직도 넘어야 할 산이 많다. 우선 당장 북미정상의 2차 담판을 조율하는 일이다. 끊임없이 핵신고를 요구하고 있는 미국과 종전선언이 먼저라는 북한의 이견을 좁혀 갈등을 해소하는 일이다. 문재인 대통령과 트럼프 대통령의 뉴욕 한미정상회담이 중대 고비가 될 것이다. 하지만 이미 답은 나와 있다.

이제 미국이 답할 차례다. 그리고 그 대답의 핵심은 한반도 종전선언이다. 지금까지의 북한의 행보로 보면 미국이 2차 북미회담을 기피하거나 더 이상 종전선언을 미룬다는 것은 파국을 자초하는 것과 같다. 종전선언이 우리 한반도로서는 오랜 세월을 기다려온 간절한 소망이지만 미국으로서는 구속력 없는 정치적 선언에 불과한 일이기 때문이다. 북한의 빠른 비핵화를 추동하고 명분을 제공하기 위해서라도 종전선언은 빠를수록 좋다. 중국이 참여를 원한다면 휴전협정의 당사자로서 그 또한 반대할 이유가 없다.

평창동계올림픽 이후 남·북·미·중 정상들이 예전과 달리 분주히 만나는 것도 따지고 보면 북한의 비핵화를 달성하기 위한 것이다. 한반도의 평화체제를 완성하기 위한 것이다. 만일 그것이 아니라면 이는 근본부터 잘못 된 것이다. 미·중·러·일 4개국은 한반도 분단에 대한 일단의 책임이 있다. 한반도 분단은 일제의 침략으로 시작되었고 38선은 2차 대전 종전 후 미국과 소련의 무책임한 밀약으로 그어졌으며 중국의 한국전쟁 개입으로 휴전선이 65년 동안 고착화 되었다.

분단을 우리 민족의 내분으로 돌리기에는 그들의 책임은 너무나 막중하다. 그러기에 주변 4개국은 결자해지할 책임과 의무가 있다. 한민족의 평화를 향한 몸부림을 더 이상 방관해서는 안 된다. 더 이상 정략의 장으로 만들어 판을 흔들지 말고 적극적으로 협력해야 한다. 한반도 문제 해결의 실마리는 여기서부터 풀어야 쉽게 풀린다.

9월 유엔총회에 대한 기대가 큰 것은 유엔총회 기간 중 세계 유일의 분단국인 한반도 문제가 미래지향적으로 논의되기를 바라는 희망 때문이다. 그리고 한반도 문제해결에 동맹의 축인 미국이 앞장서 주기를 바라는 기대 때문이다. 이제 미국이 나설 차례다. 트럼프 대통령도 종전선언을 몇 차례 공개적으로 약속한 바 있다. 빠른 시일 안에 폼페이오 국무장관을 북한에 보내 김정은 위원장을 유엔에 불러내야 한다.

유엔에서 정전체제 관련 4개국 정상들이 함께 종전선언을 해야 한다. 그것이 미국이 주도할 일이고 유엔이 할 일이다. 트럼프 대통령은 결단해야 한다. 그것만이 정치적 위기에서 벗어나 11월 중간선거에서 이기는 길이다. 패권국의 위상을 세계만방에 보여주는 길이다. 역사에 길이 남을 세계사적 위업을 달성하는 길이다.

평양과 워싱턴의 중재자 문재인

2018. 10. 01

중국 삼국시대 촉한의 유명한 책사 제갈공명(諸葛孔明)의 후 출사표 마지막에 국궁진력(鞠躬盡力)이란 말이 있다. "조국을 사랑하는 마음에서 몸을 굽히고 최선을 다 한다"는 뜻이다. 문재인 대통령이 수차례 북·미를 오가며 중재자 역할을 하는 모습을 보고 떠올린 말이다. 그는 이번에도 평양남북정상회담을 마치고 여독이 풀리기도 전에 미국으로 날아가 북·미의 중재자 역할을 확실하게 마무리했다. 3차 평양남북정상회담과 뉴욕 한미정상회담을 성공적으로 마침으로써 북·미대화의 불씨를 다시 살려냈다.

폼페이오의 방북무산으로 야기된 북미 교착국면을 풀기 위해 나선 지 불과 2주 만에 거둔 성과다. 평양에서 김정은 위원장을 설득해 한 발 더 나아간 비핵화 조치를 얻어냈고 이를 토대로 뉴욕으로 가서 트럼프 대통령을 이해시키는 데도 성공했다. 그 성과는 트럼프 대통령의 유엔총회 연설에서 확연히 나타났다. 북한의 비핵화 행보를 긍정적으로 평가하고 2차 북미회담을 기정사실화 했다. 폼페이오의 재방북도 성사되었다.

문재인 대통령은 한미 정상회담에서 트럼프 대통령에게 미국의 상응조치를 강도 높게 촉구한 것으로 알려졌다. 북한이 양보한 만큼 이번엔 미국도 종전선언이나 평양 연락사무소 설치 등 무엇이든지 내놓아야 한다고 에둘러 말했다.

그 이유로 북한이 이미 실행한 조치나 앞으로 실행할 것들은 되돌리기 힘든 불가역적인 것들이지만 북한이 미국에게 상응조치로 요구하고 있는 종전선언은 정치적 선언에 불과하다. 언제든지 되돌릴 수 있다. 대북제재 완화 역시 북한이 약속을 지키지 않으면 취소할 수 있다며 미국의 성의 있는 실행을 촉구했다.

또 한 발 더 나아가 종전선언 이후는 물론 한반도 통일 후에도 동북아의 안정과 균형을 위해 주한미군이나 유엔사 주둔이 필요하며 미국의 세계전략에도 전혀 이상 없다는 것을 강조했다. 한반도 평화를 달성하기 위한 절절한 호소다. 물론 이 같은 발언은 김정은 위원장과의 사전교감이 있었음을 전제로 한다.

9월 27일 유엔총회 기조연설에서도 북한의 새로운 선택과 노력에 국제사회가 화답할 차례라고 일침을 가하기도 했다. 공개되지 않은 김 위원장의 친서가 큰 힘이 됐을 수도 있지만 어쨌든 중재자에서 조정자로 변신한 것이다. 전보다 훨씬 강해진 자신감이자 존재감이다. 신념으로 가득 찬 고군분투의 모습을 유감없이 발휘했다.

그러나 여기까지다. 이제 공은 북·미 정상에게 넘어갔다. 앞으로 남은 과제는 문재인 대통령의 국궁진력(鞠躬盡力)에도 한계가 있을 수밖에 없다. 온전히 김정은 위원장과 트럼프 대통령의 결단에 달린 문제이기 때문이다. 그리고 중재는 두 번이면 족하다. 만일 또 중재해야 할 일이 생긴다면 그때는 파국을 의미하거나 중재를 한다 해도 몇 갑절 더 힘들어질 것이다. 중재가 성공한다는 보장도 없다. 어느 한쪽은 이미 실행할 의사가 없다고 보아도 무방할 정도로 악화된 상태일 것이다.

그러기에 이번 2차 북·미 정상회담은 매우 중요하다. 특히 미국의 태도가 어떻게 나올지가 초미의 관건이다. 문 대통령의 말처럼 북한으로서는 할 만큼 했다고 생각하고 있을 것이기에 그렇다. 트럼프 대통령의 대답이 회담의 성패를 가름한다고 해도 무리가 아니다. 벌써부터 트럼프 대통령은 특유의 거래의 기술을 발휘하기 시작했다. 불과 얼마 전까지만 해도 북한의 비핵화 속도가 더디다고 연일 다그쳤었다. 그러자 북에서 2021년 이전까지 비핵을 완료하겠다고 시간표를 제시했다. 그런데 북·미 2차 회담이 결정되자 이번엔 북한과 비핵화에 대한 시간 싸움을 하지 않겠다고 속도조절에 나서며 발을 빼고 있다.

당장 11월 중간 선거를 앞두고 있고 정치적으로 곤경에 처한 트럼프 대통령으로서는 회담이 성과 없이 끝났을 때를 대비한 포석일 수 있다. 이번 회담에서 종전선언에 대한 답을 기대하고 있는 김정은 위원장에게 준비가 덜 됐으니 좀 기다려 달라는 신호일 수도 있다. 종전선언을 선뜻 내주었을 경우 미국 내 강경파들의 반발을 우려해 시간 끌기에 나선 것일 수도 있다.

만일 그렇다면 이것은 트럼프답지 않은 처사다. 그동안 해 왔던 트럼프 방식이 아니다. 그는 승부의 고비가 있을 때마다 보통사람들과는 다른 방법으로 문제를 해결하였다. 상식을 무너뜨리는 돌파력으로 미국의 대통령 자리까지 올랐음을 우리는 익히 알고 있다. 그러기에 한반도 문제도 정면 돌파가 답이다.

이번에도 싱가포르 1차 회담 때처럼 변죽만 울리고 만다면 오히려 더 큰 역풍을 만날 수 있다. 큰 그림을 그려야 한다. 이번 북·미 회담에서 특유의 역량을 발휘해 세계사에 기록될 만한 업적을 남기기 바란다. 문재인 대통령이 다시 중재자나 조정자로 나서지 않고도 한반도 평화의 문이 활짝 열리기를 고대한다.

일본 초계기(哨戒機) 도발과 김복동 할머니

2019. 01. 20

　일본 초계기 도발로 한일간 갈등이 역대 최고조에 이르고 있다. 이 문제의 발단은 지난해 12월 일본 초계기가 우리 함정에 대해 저고도 근접비행을 하면서 시작되었다. 이는 당시의 영상을 보면 명확한 저공비행, 위협비행이었다. 그리고 일본의 현행 평화헌법에 위반되는 분명한 위법행위였다. 그런데도 일본 정부는 오히려 '광개토대왕함' 으로부터 일본 해상초계기의 추적레이더(STIR)를 조준 당했다며 적반하장의 태도를 보이고 있다.

　우리 정부가 이 문제에 대해 일본이 노리는 군사적 충돌을 피하려고 인내심을 보이며 이성적으로 대처하자 일본은 금년 들어 또 다시 똑같은 위협비행을 강행했다. 1월 18일, 22일에 이어 23일까지 무려 세 차례나 반복되었다. 특히 1월 23일에는 우리 해군 '대조영함' 에 대해 거리 540m 고도 60~70m의 극도로 낮은 위협비행을 하며 우리 해군을 끊임없이 자극한 바 있다. 이쯤 되면 해상 초계기의 역할에서 한참 벗어난 일탈행위요, 치밀하게 계획된 악의적이고 정략적인 도발인 것이다. 용납하기 어려운 선전포고에 버금가는 일이다.

그뿐 아니다. 일본 외무상의 독도가 일본 고유영토라는 망언이나 아베 총리의 시정연설에서 보여준 한국 무시는 이를 뒷받침하고도 남는다. 더구나 한국에 대해서는 상식 이하의 몽니를 부리고 있는 일본이 북한에게는 적극적인 화해 손짓을 하고 있다. 김정은 위원장과 직접 만나겠다고 면전대화를 청하고 일본인 납치문제 해결과 북·일 수교 의지를 보이고 있다. 차별화 된 이중적 태도를 보이고 있다. 일본의 이 같은 행태는 해빙의 급물살을 타고 있는 남북관계를 교란하고 방해하려는 교활함이 엿보인다.

이는 우리 정부의 '위안부 화해치유재단 해체'나 일제의 '노동자 강제 징용 배상판결'에 대한 반발일 수도 있다. 또 지난해부터 급속도로 반전되어 온 북핵 외교에서 고립된 아베정부가 일본의 국내 반발을 잠재우려는 고육책일 수도 있다. 하지만 일본의 궁극적 목표는 평화헌법에 있다. 바로 군사적 긴장을 유도해 자위대 동원의 근거를 마련하고 나아가 '평화헌법'을 개정하려는 데 있다. 구한말 한국 침략을 위해 써먹었던 '운요호 사건'과 똑같은 전통적 전략을 구사하고 있는 것이다.

이 와중에 1월 28일 일본군 위안부 피해자 김복동 할머니가 타계했다. 일본 초계기 도발과 김복동 할머니의 죽음, 어찌 보면 두 사안이 별개의 문제로 보일 수도 있다. 그러나 결코 그렇지가 않다. 아베의 평화헌법 개정에 대한 집념을 보면서 일제 식민지시대의 악몽이 상기되는 건 자연스런 일이다. 김 할머니는 열네 살의 어린 나이에 일본군 위안부로 끌려가 8년간을 일본군의 성노예로 살았다. 1993년 유엔 인권위원회에서 자신이 일본군 성노예 피해자임을 공개 증언한 이후 지금까지 나에게는 아직 해방이 되지 않았다고 외치며 온몸을 던져 일본의 사죄와 배상을 요구했다. 결국 김 할머니는 정신적 광복을 맞이하지 못한 채 세상을 떠난 것이다.

지난 정부가 국민적 동의도 없이 일본의 요구대로 푼돈을 받고 위안부 문제를 봉합하려고 했을 때도 김 할머니는 시종일관 흔들림 없이 그 원칙을 지켜왔다. 노구를 이끌고 전 세계를 돌며 일본의 '전시 성폭력'을 고발했고 일본 대사관 앞 '수요집회'를 빠짐없이 지켜온 위안부 할머니의 상징처럼 각인된 존재였다. 그런데 결국 김 할머니는 그 한을 풀지 못하고 갔다.

일본 정부는 김복동 할머니가 마지막까지 일본의 잘못했다는 한 마디를 듣기 위해 사투를 벌이는 그 시간 사죄의 장을 마련하는 대신 초계기 도발을 자행하고 있었다. 위안부를 끌고 갔던 전쟁국가로 회귀하려는 음모를 꾸미고 있었다. 역사를 과거로 되돌리려고 발버둥치고 있었다.

그 무렵 지구 반대편에서는 이와 상반되는 또 다른 행사가 열리고 있었다. '나치' 희생 74주년을 맞아 '유대인 강제 수용소' 등, 곳곳에서 국제 '홀로코스트' 희생자 추모행사가 열리고 있었다. 메르켈 독일 총리는 우리는 과거 사람들이 무엇을 했는지를 알아야 하고 잘못이 반복되지 않아야 한다고 강조했다. 김복동 할머니 빈소를 찾은 문재인 대통령도 '역사 바로 세우기'를 잊지 않겠다고 했다. 살아계신 스물세 분을 위해 도리를 다하겠다고 했다.

그렇다. 이제 위안부 할머니는 239명 중 스물세 분이 남았다. 그분들도 고령이라 시간이 얼마 남지 않았다. 일본도 이제 사죄할 시간이 얼마 남지 않았다. 일본이 만일 지금 살아계신 위안부 할머니 앞에 사죄하지 않고 기회를 놓친다면 일본 후손들은 전범국가의 딱지를 영원히 떼지 못한 채 선조들의 추악하고 부끄러운 굴레와 멍에를 안고 살아가게 될 것이다.

우리 정부 역시 일본에게 사죄를 받아내 역사를 바로 세울 시간이 얼마 남지 않았다. 일본과의 과거사 해법을 마련해야 하는 냉철한 외교적 시험대에 서있다. 진정 한국과 일본이 이웃이요 동반자라면 문재인 대통령과 아베 총리는 머리를 맞대고 담판을 지어서라도 한·일 양국 모두 백해무익한 갈등을 접고 미래를 향해 나아가는 길을 찾기 바란다.

'하노이 선언' 낭보(朗報)를 기대한다

2019. 02. 25

　북한과 미국의 제2차 정상회담이 초읽기에 들어갔다. 27일과 28일 양일
간 하노이에서 열리는 이번 회담은 기대와 우려가 교차한다. 성공하면 한
반도는 물론 세계평화에 일대 전환을 이룰 수 있지만 실패하면 그 후유증
은 일파만파로 번질 것이기 때문이다. 그래서 이번 하노이 회담은 그 어느
때보다 중요한 의미를 지닌다. 1차 싱가포르 회담은 북미정상이 70년 적대
관계를 청산하고 만났다는 사실만으로도 주목받기에 충분했다. 그랬음에
도 일부에서는 회담 결과에 대해 속빈 강정이라는 거센 비판이 나왔다.

　이번 2차 하노이 회담은 만남 자체는 그리 큰 이슈가 되지 못한다. 북·
미정상은 물론이고 이를 지켜보는 세계인 모두가 결과에 주목하고 있다.
회담결과에 따라서 한반도 평화와 비핵화의 동력이 살아날 수도 있고 사
라질 수도 있기 때문이다. 거두절미하고 이번 하노이 회담은 어떤 실질적
조치가 나올 것인지에 초점이 맞춰져 있다. 북한의 비핵화조치와 미국의
상응조치의 크기가 주요 관건이 될 것이다. 또한 1차 때와는 달리 그에 대

한 시간표, 실행에 대한 신뢰도 등, 로드맵에도 관심이 집중될 것이다.

먼저 북한의 비핵화 조치다. 대체적으로 예상할 수 있는 조치들은 핵탄두 신고, 영변 핵시설 신고와 폐기, 우라늄 농축시설의 검증과 사찰, 대륙간 탄도미사일(ICBM) 폐기 등이다. 이 핵무기와 핵시설을 어느 선까지 수용하고 포기할 것인가에 무게의 경중이 달려 있다. 이에 대한 미국의 상응 조치로는 평화협정과 북미수교 또는 종전선언과 연락사무소 설치, 대북제재의 완화에 따른 개성공단과 금강산관광 재개 등이 보상으로 조율될 것이다.

그러나 이 문제가 단순하지 않고 포괄적인 데다 변수 또한 많아서 유추하기가 결코 쉬운 일은 아니다. 스티브 비건 미국무부 대북정책 특별대표와 김혁철 북한국무위원회 대미 특별대표가 평양 실무회담에 이어 베트남에서 다시 만나는 것도 막판조율이 남아 있기 때문이다. 그러나 결과는 긍정적으로 작용할 것으로 전망된다. 1차 회담 이후 긴 냉각기를 거친 것이 오히려 전화위복이 되었다고 본다. 8개월의 공백 기간 동안 물밑으로 전개된 북미의 치열한 기 싸움과 이해득실에 따른 상황파악은 양국 모두 이미 끝난 것으로 보인다.

그동안 교착상태가 길어진 이유는 미국이 선 비핵화 이후 제재완화라는 기조를 철회하지 않고 압박일변도로 나갔기 때문이었다. 대북제재 완화를 기다려온 북한은 풍계리 핵실험장, 동창리 핵실험장에 이어 영변 핵시설 폐기 카드까지 빼들었으나 미국은 더 내놓을 것을 요구하며 상응조치 대신 대북 압박을 고집하자 북한이 이에 반발하고 장고에 들어간 것이다.

그러나 북한도 한편으로는 트럼프의 의중을 파악하며 수위조절에 몰두했던 것으로 보인다. 김 위원장은 결국 핵을 버리고 경제를 택하겠다는 결심을 담은 친서를 보냄으로써 돌파구를 마련했다. 트럼트 대통령도 기다렸다는 듯이 김 위원장의 영문으로 된 친서까지 공개하며 훌륭한 편지라고 화답했다. 서로의 이해관계가 맞아떨어진 것이다. 이제 회담준비도 마친 상태다. 하노이 회담은 시작되었고 주사위는 던져졌다. 북·미 정상 모두 국내 사정도 큰 틀의 합의를 압박하고 있다. 김 위원장이 업적으로 내세우는 경제개발 5개년계획의 시한이 눈앞에 있고 트럼프 대통령도 미국 대선이 코앞으로 다가와 있기 때문이다.

김정은 위원장과 트럼프 대통령의 마지막 결단만 남았다. 두 정상이 큰 보따리를 풀 것인가, 작은 보따리를 풀 것인가를 지켜보면 된다. 실제로 풀어놓은 보따리가 크면 클수록 제 2차 북미정상회담의 파급효과는 기하급수적으로 커질 것이다. 따라서 두 정상의 업적과 정치적 위상도 함께 높아질 것이다. 그러나 보따리가 기대치보다 작으면 또 다시 속빈 강정이라는 비난을 감수해야 한다. 그뿐만 아니라 북한 비핵화에 대한 동력도 잃게 되고 한반도 문제는 장기간 어려움을 겪게 될 것이다.

트럼프 대통령은 대담하고 새로운 외교를 선보이겠다고 말한 바 있다. 김정은 위원장도 트럼프 대통령을 믿고 대범하게 한발 한발 나갈 것이라 했다. 이것 역시 서로가 큰 한 방을 기대하는 신호를 보낸 것이라 할 수 있다. 김정은 위원장은 최소한 신년사에서 밝힌 개성공단과 금강산관광 재개가 마지노선이 될 것이고 트럼프 대통령 역시 영변 핵시설 신고나 ICBM 폐기 약속을 관철해야 되는 상황에 처해 있다.

이번 회담이 북핵문제 해결과 한반도 평화를 결정하는 특별한 기회라는 것을 부인하는 사람은 없다. 북미정상은 세계 역사를 다시 쓴다는 배수진을 치고 회담에 임해야 할 것이다. 우여곡절을 겪으며 끌어온 북핵문제와 70년을 기다려온 한반도 평화체제의 완성이라는 역사적 대업이 두 정상의 어깨에 달려있다. 하노이에서 낭보가 날아오기를 기대한다.

한미(韓美) 정상의 워싱턴 회담을 주목한다

2019. 04. 15

하노이 정상회담 이후 북미대화가 동력을 잃고 표류하고 있다. 북미는 이미 한 차례 거친 힘겨루기를 마친 상태다. 하노이 회담 결렬 직후 미국 행정부는 북한에 대한 기존제재 외에 대규모 추가 대북제재라는 강수를 꺼내들었다. 존 볼턴 백악관 국가안보 보좌관 역시 미국의 압박은 계속될 것이라고 강경발언을 쏟아냈다.

북한은 거세게 반발했다. 주 유엔대사를 불러들이고 동창리 미사일 발사장 복구 움직임을 보였다. 핵 · 미사일 실험 재개 가능성까지 언급하고 나섰다. 개성 연락사무소 인원을 전격 철수시키며 남쪽에도 강한 불만을 표출했다. 북미양국이 하노이 회담 불발에 대한 살풀이를 하듯 한바탕 기 싸움을 벌인 것이다. 그러나 북미 모두 불과 몇 시간도 안 되어 시급히 원상으로 되돌리며 소동은 끝났다. 이는 북 · 미가 판을 완전히 깨지는 않겠다는 신호를 보낸 것이다.

그러나 아직 예단하기는 이르다. 하노이에서 큰 내상을 입은 북한 김정은 위원장은 지금까지 아무런 반응을 보이지 않고 있다. 하노이에서 미국이 보여준 비핵화 해법에 대한 불만이 아직 가시지 않고 있는 것이다. 홧김에 성급하게 중대 발표를 예고했지만 가부(可否) 결정을 내리기가 쉽지 않은 것도 침묵이 길어지는 이유다. 미국이 요구하는 빅딜 선행조치에 대해 장고에 들어간 것으로 보인다. 북한은 일단 불편한 속내를 감추고 그 타개책으로 북·러정상회담을 추진하고 있다. 이는 세(勢)과시와 경제문제로 인한 고육책 성격이 짙다. 공교롭게도 4월 11일 워싱턴에서 한미정상회담이 열리는 날 북한에서는 14기 최고인민회의가 열린다. 이때 모종의 언급이 있을 수도 있지만 일단 한미정상회담 결과를 지켜보고 판단할 것이다.

이번 워싱턴 한미정상회담은 매우 중요한 의미를 갖는다. 북미대화의 재개여부가 달려있기 때문이다. 문제는 하노이에서 확인된 미국의 일괄타결과 북한의 단계적 해법의 충돌을 어떻게 조율하느냐, 북한의 선행조치와 미국의 상응조치를 어떻게 접합시키느냐가 관건이다. 이를 토대로 북미대화의 향방을 가름할 수가 있다. 양국은 이미 핵심 외교라인을 총동원해 이 문제에 대한 논의했다.

미국은 시종일관 '선 비핵화'를 요구하고 있다. 한국은 기존입장이었던 '포괄적 합의 후 단계적 이행'을 말을 바꿔 '일괄타결 후 단계적 이행'이라는 방안을 대안으로 제시한 것으로 알려지고 있다. 이 방안을 미국이 어떻게 받아들일지, 미국 조야에 팽배해 있는 대북회의론을 어떻게 잠재울 수 있을지가 이번 정상회담의 핵심과제가 될 것이다.

이번 한미정상회담은 순서가 바뀌었다. 지난해에는 남북회담을 거쳐 한미회담을 했는데 이번엔 한미회담을 먼저 하게 됐다. 남북회담은 아직 미정이다. 하노이에서 미국이 판을 깼으니 순서는 맞다. 이번 한미회담을 통해 북미대화의 돌파구가 열리길 바란다. 만약 그렇게 되지 않을 경우 그 파장은 크고 오래갈 것이다. 그만큼 현 상황이 엄중하고 복잡하게 얽혀 있다.

미국과 북한은 문 대통령이 서로 자기편이 되기를 바라고 있다.

트럼프 대통령은 이미 문 대통령에게 '선 비핵화 빅딜' 이라는 어려운 카드를 내밀고 북한을 잘 설득해 달라고 요청한 바 있다. 북한 역시 문 대통령에게 좌고우면하지 말고 한반도의 당사자가 되라고 요구한다. 비대칭회담의 부당함에 대해 미국에 할 말을 다하라고 다그치고 있다. 문재인 대통령의 어깨가 무겁다.

그러나 '한반도 평화체제 완성' 이라는 대장정에 비상이 걸린 지금 묘책은 없다. 정면 돌파가 답이다. 그 첫째는 북미를 다시 협상테이블에 나오게 하는 것이다. 그러기 위해선 소극적 중재자에서 벗어나야 한다. 양쪽을 설득하는 적극적 촉진자가 되거나 더 나아가 주도자가 돼야 한다. 무기는 오직 하나 '한반도 평화' 라는 배수의 진이다. 여기에 걸림돌이 되는 그 어떤 것도 배제하고 극복해야 한다.

미국에게는 강자의 논리에서 벗어나 유연성을 발휘할 것을 요구하고 북한도 핵을 들추거나 연락사무소 인원 철수 같은 저급한 행위는 삼갈 것을 경고해야 한다. 또한 북미 모두 상대방에게 요구만 할 것이 아니라 내어줄 것을 준비하라고 강하게 요청해야 한다.

둘째, 서두르지 말아야 한다. 바늘 허리매어 쓸 수 없고 급할수록 돌아가라 했다. 조급함은 자칫 약점만 노출되고 일을 그르치기 쉽다. '북한의 비핵화나 한반도 평화체제 완성' 모두 결코 쉬운 일이 아니다. 단기간에 해결하려는 생각이 오히려 발목을 잡을 수도 있다. 그렇다. 중국과 미국의 수교도 대화를 시작한 지 7년 만에 성사되었고, 베트남과 미국도 국교를 정상화 시키는 데 18년이 걸렸다. 그런데 북미가 70년 만에 만나 1년도 채 안 된 시간에 모든 것이 해결되기를 기대하는 건 지나친 욕심이다. 성급함보다는 여유를 가지는 자가 승리한다는 말을 새겨야 할 시점이다.

시진핑 평양방문과 북중의 전략적 제휴

2019. 06. 22

　중국 국가주석 시진핑이 20일, 21일 평양을 방문했다. 단일 패권을 노리는 미국과 신흥 강대국으로 부상한 중국의 치열한 무역전쟁 중에 이루어진 방북이다. 그동안 북한 김정은 위원장이 수차례 방북을 원했으나 응하지 않다가 전격적으로 결행한 것이다. 이는 김정은 집권 8년 만에 강대국 정상으로서는 처음으로 북한을 방문한 것이기도 하다.

　방문 전날에는 이례적으로 북한 노동신문에 기고문까지 실었다. 당연히 세계의 이목이 집중될 수밖에 없었다. 특히 미국 조야와 언론들은 촉각을 곤두세우며 보도와 함께 견제의 언사를 쏟아냈다. 중국 최고지도자가 평양을 방문한 것은 2005년 10월 후진타오가 방북한 이후 14년만이다. 김정은 집권 이후 북·중 관계는 원활하지 못했다. 혈맹답지 않게 파열음을 내며 삐걱거리고 있었다. 최근 싱가포르 북미정상회담이 성사되고 김정은이 네 차례 중국을 방문함으로써 뒤늦게 관계가 복원되었다.

　김정은 위원장은 시 주석을 맞아 1박 2일 동안 극진한 대접을 했다. 이례적으로 두 차례나 환영행사를 했다. 특히 금수산 태양궁전 앞에서 벌인 행사는 사상 처음 있는 일로써 '황제' 급 예우를 했다고 알려졌다. 이는 한 마디로 북한에게 중국의 역할과 힘이 그만큼 절박하다는 것을 단적으로 보여준 것이다. 그렇다. 대북제재로 경제적 어려움을 겪고 있고 미국과 힘겨운 기 싸움을 하고 있는 시점에서 중국의 도움은 절대적이라 할 수 있다.

그 외에도 시진핑의 방북으로 김정은이 얻는 것은 많다. 하노이 2차 북미회담 결렬로 입은 내상을 씻어내는 계기가 되었으며 북한 주민들에게는 자신의 대내외 위상을 강화하고 내부결속 효과까지 거둘 수 있게 되었다. 또 열세였던 미국과의 협상에서 밀리지 않고 우위적 국면전환을 도모할 수 있게 된 것은 무엇보다 큰 수확이라 할 수 있다.

중국 역시 마찬가지다. 시진핑의 평양방문은 혈맹을 챙긴다는 명분을 내세우고 있지만 자세히 들여다보면 시진핑이 얻는 것이 더 많다. 궁지에 몰린 시진핑이 탈출구로 북한을 택한 것을 알 수 있다. 시진핑은 더 이상 방북을 미룰 수 없는 상황이었다. 미국과의 살벌한 무역전쟁에서 수세에 몰리고 있는 데다 '화웨이' 갈등 격화로 더 이상 퇴로가 없는 입장이었기 때문이다.

홍콩에서 벌어지고 있는 대규모 민중 시위는 날이 갈수록 격화돼 시 주석의 리더십에 연일 흠집을 내고 있다. 대만도 덩달아 들썩이고 있는데 이것 역시 미국과는 악재로 연결되어 있다. 그밖에도 북한 김 위원장이 네 차례나 중국을 찾았는데 시 주석은 한 번도 북한을 방문하지 않은 것도 부담으로 작용했을 것이다. 또 이달 말 트럼프가 서울을 방문해 한·미 정상회담을 한다는 것도 마음에 거슬렸을 터이다. 한·미 정상회담에 앞서 북·중의 밀착을 과시함으로써 이를 견제하고 돌파구를 마련하고자 서둘러 평양행을 결심한 것으로 보인다.

그러나 시 주석 평양방문의 가장 큰 목적은 역시 미·중 정상회담 때문으로 보아야 한다. 중국은 며칠 후 G20 정상회의가 열리는 오사카에서 미국과의 한판 승부가 기다리고 있다. 이 담판에서 트럼프의 마음을 움직일 수 있는 비장의 카드는 북핵문제 밖에 없다고 판단한 것이다. 평양행은 이 비장의 무기를 취하기 위한 것이다. 트럼프가 자신의 업적으로 내세우고 있는 북핵 문제가 삐걱거리고 있음을 간파하고 기회로 여긴 것이다.

평양에서 김정은을 설득해 비핵화를 조율함으로써 트럼프의 대북정책을 도와 무역협상을 유연하게 이끈다는 전략이 숨어있다. 그뿐 아니라 앞으로도 계속될 미국과의 패권경쟁에서 북한에 대한 자신의 지분 확보, 동북아에 대한 영향력 선점, 미묘한 경쟁상대인 러시아까지 견제하려는 다목적 전략이 평양행을 추동했다고 본다.

어찌됐건 이번 방북으로 그동안 남북미가 이끌던 한반도 문제에 중국이 끼어들게 된 것은 부정할 수 없는 사실이다. 이번 평양회담에서 북한과 중국이 비핵화에 대한 논의를 하게 됨에 따라 한반도 문제는 4자구도로 재편이 예상된다. 시진핑이 평화협정 문제까지 거론하면서 한반도 비핵화에 적극적 역할을 하겠다고 한 것도 이를 반증한다. 중국은 정전협정 서명 당사자라는 사실을 상기시키고 있는 것이다.

그러나 한반도 문제에 중국개입은 그리 환영할 만한 일이 못된다. 긍정적 측면보다 부정적 측면이 훨씬 크기 때문이다. 자칫 6자회담 때처럼 또 다시 한미 대 북중의 대결구도로 변질될 수도 있다. 또 북미 두 정상의 결단으로 빠르게 진행되던 톱다운 방식이 퇴색하고 지루한 공방으로 협상타결을 어렵게 할 우려가 있다.

정부는 며칠 후 있게 될 한중, 한미정상회담에서 이 같은 문제점을 밀도 있게 다룰 필요가 있다. 폭넓은 외교력을 발휘해 3차 북미회담과 한반도 평화체제 완성의 동력을 잃지 않도록 해야 할 것이다.

평화의 사자(使者), 판문점의 남북미 정상

2019. 07. 01

2019년 6월 30일, 사상 처음으로 남북미 정상이 판문점에서 만났다. 1953년 정전협정 이후 66년 만이다. 또 사상 처음으로 미국 현직 대통령이 군사분계선을 넘어 적지인 북한 땅을 밟았다. 오랜 대립관계였던 북미 두 정상이 경호원도 대동하지 않고 자연스럽게 국경을 넘나들었다. 마치 다정한 친구가 이웃집을 다녀오듯 했다. 꿈같은 일이 벌어진 것이다. 한국전쟁 휴전 이후 그 누구도 상상할 수 없었던 역사적 장면이 현실로 연출되었다. 트럼프는 판문점에 도착해 '어제와 다른 오늘을 만들기 위해 이곳에 왔다' 고 했다. 이 메시지의 울림은 컸다.

실제로 믿을 수 없는 사실로 이어졌다. 곧바로 초대형 뉴스가 되어 세계인을 흥분시켰다. 판문점은 도끼만행사건 등으로 상징되는 무력충돌이 빈번했던 곳이다. 지구촌 마지막 냉전지역에서 이 같은 극적인 일이 벌어질 줄은 아무도 예상치 못했다. 그러기에 놀라움과 감격은 더 컸다. 이번에 북미정상이 함께 걸었던 그 길은 이제 평화의 길이 되었다. 지난해 4.27 때 남북 정상이 함께 다져 놓았던 길에 미국이 동참한 것이다. 중국마저 동승한다면 한반도 평화시대가 열리는 출발점이 될 것이다.

남북 정상은 이미 세 차례의 회담을 통해 판문점에 평화의 씨앗을 뿌려 놓았다. 그리고 통일의 길을 닦아 놓았다. 판문점에서 무기도 철수했고 DMZ 초소도 철거했다. 수차례 남북, 북미간 실무회담도 열렸다. 길이란 이처럼 만드는 것이다.

또한 길은 자주 다니면 익숙해지는 법이다. 사전에 이 같은 정지작업이 없었다면 트럼프의 판문점 번개 미팅은 있을 수가 없다. 즉흥적 발상 자체가 불가능했을 것이다. 트럼프의 트윗 한 방에 김정은이 판문점까지 달려오는 일도 없었을 것이다. 설사 왔다 하더라도 당초 예상했던 것처럼 악수나 하고 헤어졌을지도 모른다.

그런데 만남은 성사되었고 금단의 선을 자유롭게 왕래했다. 두 정상은 한 발 더 나아가 배석자 없는 단독회담을 53분이나 했다. 3차 판문점 북미 정상회담이 이루어진 것이다. 회담 후 한 목소리로 2,3주내 다음 정상회담을 위한 실무협의에 들어간다고 발표했다. 서로 앞 다투어 평양과 워싱턴에 오라고 초청까지 했다. 아마도 다음 회담 장소는 평양이나 워싱턴이 될지도 모른다. 모든 것이 속전속결이고 명쾌했다. 두 정상은 톱다운 방식의 장점을 유감없이 보여주었다.

그러나 이 같은 역사적 사건을 일각에서는 다른 목소리를 내고 있다. 이번 북미 정상의 판문점 만남은 소리만 요란했지 아무 성과가 없다고 말한다. 북미간 아무런 실질적 진전이 없었다며 폄훼하고 있다. 더구나 북한의 본질 또한 절대로 변하지 않을 것이라 단언한다. 물론 그렇게 생각할 수도 있다. 한반도 평화의 길은 그리 녹록치 않기 때문이다. 갈 길은 멀고 험하다. 협상이 어떻게 진행될지 아직은 아무도 모른다. 그래서 우려의 목소리 또한 귀 기울여야 한다.

우리의 속담처럼 돌다리도 두드리며 건너고 얕은 물도 깊게 건너라는 충정으로 이해하고 싶다. 하지만 불과 2년 전으로 돌아가 생각해보자.

두 나라가 사생결단하듯 험악한 말 폭탄을 주고받았다. 일촉즉발의 전쟁 불사까지 선언했었다. 그랬던 두 정상이 함께 군사분계선을 넘나드는 평화로운 모습을 보고 있지 않은가. 어찌 아무 진전이 없다고 말할 수 있는가. 어찌 성과가 없다 하는가.

이번 판문점 남북미 정상 회동은 엄청난 진전과 성과를 이룬 것이다. CNN 등 외신들도 북미관계가 완전히 회복됐으며 세계평화의 한 단계가 진화했다고 보도했다. 전쟁 당사국들이 역사의 현장에서 종전선언을 한 것과 같다는 평가 역시 결코 과장된 것이 아니다.

이제 남북미 모두 흥분을 가라앉히고 차분하게 다음 단계로 나아가야 한다. 지금은 그 나아갈 준비를 하는 것이 중요하다. 실패로 끝났던 하노이 회담을 반면교사로 삼아 같은 실수를 되풀이해선 안 된다. 북미 정상들도 그 사실을 이미 알고 있을 것이다.

첫째, 정상들의 결단이 선행되어야 한다. 톱다운 방식으로 대화의 돌파구는 열었지만 정상들의 의식변화 없이는 진전이 있을 수 없다. 트럼프 대통령은 포괄적 합의나 일괄타결 빅딜만 고집할 것이 아니라 북한이 요구하고 있는 단계별 동시병행 해법을 적극 검토해야 한다. 김정은 위원장 역시 미국의 변화를 추동하려면 검증을 통한 영변 핵시설의 완전 폐기를 결심해야 한다.

둘째, 북미는 실무협상 준비를 철저히 해야 한다. 정상회담 전 사전조율이 충분하게 이루어져야 한다. 하노이 회담의 실패는 실무회담 생략이 주원인이라 볼 수 있다. 어쩌면 다음 회담의 성패도 실무협상에 달려있다고 해도 과언이 아니다. 그러려면 양측 모두 합리적 유연성을 기지고 접근해야 한다. 과거보다 더 치밀하게 준비해야 한다.

셋째, 우리 정부의 설득노력이 중요하다. 샅바 싸움이 계속되고 있는 북미를 상대로 중재역할을 충실하게 수행해야 한다. 때로는 과감한 촉진역할도 필요하다. 속도보다 결과가 중요한 것은 당연하지만 시간을 길게 끌어서 좋을 것이 없다. 협상동력만 떨어지게 된다. 북미 정상이 미래지향적 결단을 앞당길 수 있도록 배전의 노력을 기울여야 할 것이다.

일본의 경제도발, 21세기 판 왜란(倭亂)이다

2019. 07. 20

6.30 판문점 남북미 정상 회동의 거센 바람 때문에 일본에서 열렸던 G20 정상회의가 날아가 버리고 말았다. 다음날인 7월 1일, 아베 신조 일본 총리는 마침내 오랫동안 참으며 기다려왔던 비수를 꺼내들었다. 소위 한국에 대한 수출 규제조치. 반도체의 필수 품목인 불화수소 등 핵심 소재와 부품들을 한국에게는 안 팔겠다고 선언했다.

어찌 보면 이 같은 발상은 생경하고 뜬금없는 망발이란 생각이 들 수도 있다. 그들이 내세우고 있는 강제징용판결에 대한 반발로 쉽게 단정해 버리고 할 수도 있다.

그러나 그렇지가 않다. 이것은 아베의 선전포고나 다름없다. 지극히 냉철한 사고와 치밀한 계획 하에 진행된 거대한 작전 중 일부다. 얼마 전 초계기 도발 때부터 조짐을 보여왔다. 이제 벼르고 벼르던 그 마각을 드러낸 것이다. 아베의 궁극적 목표는 한반도 침탈에 있다.

임진년에 풍신수길(豊臣秀吉)이 그러했듯 구한말 정한론(征韓論)자들이 그러했듯 일본의 군국주의자(軍國主義者)들의 후예들이 한반도 침탈계획을 실행에 옮긴 것이다. 다시 말하면 침략무기가 총에서 경제로 바뀐 것뿐이다. 21세기 판 기해(己亥)왜란의 시작이다.

아베는 완전한 목적달성을 위해서 평화헌법 개정이 절실히 필요하다. 당면문제는 참의원 선거 압승에 있다. 목적을 위해서는 수단과 방법을 가리지 않는 승부사들의 속성상 선거 전략으로 먼저 한국 때리기에 나선 것이다. 이것이 이번 사태의 본질이다.

그런데 아베가 서두른 나머지 자충수를 두고 말았다. 그답지 않게 준비도 치밀하지 못했고 시기선택 또한 잘못되었다. 급한 마음에 많은 허점을 노출하고 말았다. 가장 중요한 규제에 대한 논리부터 정립되지 않은 채 일을 저질렀다. 또한 명분과 일관성마저 잃고 말았다.

수출규제의 원인을 처음엔 강제징용판결에 대한 부당함이라 했다가 그게 아니라 한국의 대북제재 위반이라고 말을 바꿨다. 이마저 거짓으로 밝혀져 발등을 찍더니 이제 와서는 자국의 수출관리의 일환이라며 적반하장식으로 오락가락하고 있다. 한국 정부의 외교적 해법을 이유 없이 거부하는 것도 모자라 외교상의 무례와 몰상식은 이미 도를 넘어 추한 몰골을 드러냈다. 동맹국이라는 흔적은 그 어디에서도 찾아볼 수 없었고 한국 정부가 일본 관료들과의 대면을 더 이상 지속해야 하나 싶은 회의마저 들게 만들었다.

그러나 아무리 그렇다 해도 우리는 냉정을 잃어서는 안 된다. 또한 발등에 떨어진 불부터 꺼야 한다. 적이 선전포고를 했다. 국가의 위기상황을 맞았다. 전 국민이 단결하여 대처해야 하는 것은 너무나 당연한 일이다. 정부는 정부가 할 일을 하고 국민은 국민들이 할 수 있는 일을 찾아서 해야 한다. 특히 정치권은 적의 칼날을 눈앞에 두고 분열해서는 안 된다.

황당무계한 국제문제를 국내 정치에 이용해서는 더욱 안 된다. 환란을 이용해 지지층 결집을 꾀하거나 계파의 이익을 생각한다면 그것은 어리석고 용서받을 수 없는 일이다.

폭넓은 지혜와 힘을 정부에 보태 위기상황을 돌파할 수 있도록 해야 한다. 국민들은 이미 자발적으로 나선 지 오래다. 많은 국민들은 이미 요란하지 않게 애국을 몸소 실천하고 있다. 언제나 정치권이 국민들을 따라가지 못한다. 이것은 순서가 바뀐 것이다. 서글픈 일이다. 늦었지만 대통령과 5당 대표들이 회동해 공동발표문을 만들어 일본의 규제조치 철회를 촉구한 것은 박수를 보낼 일이다.

아베의 무모한 계획은 결코 성공할 수 없을 것이다. 자칫 아베의 몰락을 가져올 수도 있다.

첫째, 21세기 민족주의보다 더 민감하다고 할 수 있는 경제문제를 건드린 것이 잘못이다. 미·중 무역전쟁의 파고가 넘실대고 있는 이때 일본의 모험은 찻잔속의 태풍으로 끝날 공산이 크다. 당장은 한국에 타격이 될지 모르지만 이 문제가 그리 간단하지가 않다. 국제문제로 번질 것은 명백한 일이고 그 칼날은 결국 일본에게로 향하게 될 것이다.

둘째, 한민족을 너무 과소평가하는 우를 범한 것이다. 한국 아니 한반도의 국력이 임진왜란이나 구한말처럼 간단하게 한 번의 타격으로 쉽게 무너질 약체가 아니라는 사실을 간과한 것이다. 북한까지 나서 일본이 과거 죄악에 대한 반성은커녕 치졸하고 부당한 경제보복으로 오만방자하게 놀아대고 있다고 일본을 규탄하지 않는가.

셋째, 일본 국민들이 그리 우둔하지 않다는 것이다. 아베의 독선을 마냥 지켜보지 않을 것이다. 일본 내에서 일부 극우세력을 제외하고는 군국주의를 반대하는 목소리가 드높다. 정치가 아무리 혐한을 부추기고 흔들어도 한일 양국의 국민들은 정치를 제외한 경제 사회 문화의 모든 면에서 상호 연결고리가 촘촘하게 짜여있다는 사실을 망각하고 있다.

한국과 일본은 이웃이다. 일본 수뇌부가 아직도 탐욕과 과거의 잘못을 털어내지 못하는 것은 심히 유감이다. 하지만 두 나라는 공존할 수밖에 없는 운명이다. 그러기에 이번 사태를 포함한 모든 한일관계는 외교적 해법이 유일한 길이다.

일본은 더 이상 문제를 확대시켜서는 안 된다. 어설픈 추가보복조치 운운하지 말고 외교의 장으로 나와 결자해지(結者解之)해야 한다. 그것이 순리다. 그것도 빠를수록 좋다.

'바이든 시대' 미국 달라져야 한다

2020. 11. 23

　미국 제 46대 대통령선거가 끝났다. 지난 4년 임기 내내 독특한 행보로 화제를 모았던 트럼프가 재선에 실패하고 민주당 후보 '조 바이든' 이 승리하여 당선인이 되었다. 트럼프가 선거결과에 불복해 잡음이 일고 있지만 명분이 결여된 그는 결국 승복할 수밖에 없을 것이다. 반대로 바이든 당선인은 그의 일거수일투족이 세계인들의 뜨거운 주목을 받고 있다. 그만큼 국내외적으로 그가 풀어야 할 난제가 적지 않은 데다가 혼돈과 분열의 시대 국제사회 또한 그에게 기대하는 바가 크기 때문이다.

　그는 당선인 수락연설에서 맨 먼저 통합과 치유를 언급했다. 분열된 미국을 하나로 만들고 공정과 정의를 통해 미국을 다시 존경받는 나라로 만들겠다고 밝혔다. 맞는 말이다. 이는 바이든 자신도 이 난국을 헤쳐 나갈 정답을 이미 알고 있다는 뜻이다. 그렇다. 반드시 그리해야 한다. 누가 뭐래도 미국은 세계 제일의 초강대국이다. 지구촌의 대소사를 견인하고 유엔을 포함한 세계 각국에 막강한 영향력을 행사하고 있음을 아무도 부인하지 않는다. 그러기에 그에 걸맞는 책임 또한 막중한 것이다.

바이든 당선자가 당장 취임을 앞두고 해결해야 할 일이 많지만 가장 시급한 것은 걷잡을 수 없이 확산되고 있는 코로나의 기세부터 잠재우는 일이다. 전 세계 코로나로 인한 사망자가 이미 150만을 넘어섰고 코로나 확진자 수는 6천만 명에 이른다. 프랑스 독일 등 유럽은 또 다시 봉쇄조치에 들어갈 정도로 다급한 실정이고 코로나 환자 발생국이 세계 221개 국가로 번졌다.

그중에서도 방역에 실패한 미국이 가장 심하다. 사망자가 이미 23만 명을 넘어섰다. 매일같이 10만이 넘는 확진자가 나오고 있고 하루에 2천 명의 사망자가 발생하고 있다. 초강대국이라 자부하는 미국이 가장 높은 수치를 기록하고 있다. 트럼프의 실정이 한두 가지가 아니지만 낙선의 가장 큰 원인이 코로나 방역실패와 무관하지 않다. 국민들이 전쟁에 버금가는 위급상황에 처해 있는데 그보다 더 큰일이 무엇이겠는가.

바이든 당선인이 가장 먼저 코로나의 방역과 퇴치에 심혈을 기울여야 할 이유가 바로 여기에 있다. 유념해야 할 것은 이를 미국뿐 아니라 세계와 긴밀히 공조해야 한다. 전 인류차원의 문제로 접근해야 한다는 것이다.

바이든 당선인이 구상해야 할 또 다른 정책과제로는 공생의 정치를 복원해야 한다는 것이다. 이것이 추락된 미국의 존재를 다시 일으켜 세우는 첩경이 될 것이다. 미국이 세계의 진정한 패권국이요, 경찰국가가 되려면 트럼프가 주창한 미국 우선주의를 버리고 세계를 껴안아야 한다. 독선과 편협, 근시안적 정책을 과감히 폐기해야 한다. 미래지향적인 거시적 안목으로 접근해야 한다.

트럼프와는 달라야 한다. 공정과 정의를 바로 세우고 수직이 아닌 수평적 관계로 세계와 만나야 한다. 첨단무기를 앞세운 힘의 과시나 독선적 행보는 끊임없는 분쟁과 갈등만 유발시킬 뿐이다. 진정한 강대국이라면 인류의 평화와 공영을 추구하는 통 큰 리더십을 발휘해야 한다. 자국 우선주의를 표방하면서 어떻게 세계경영을 말할 수 있으며 장벽을 쌓고 인종차별을 하면서 분열과 갈등을 잠재울 수 있는가. 첨단무기를 개발하고 군수산업에 치중하면서 어찌 세계평화를 꿈꿀 수 있으며 우방에게 상식 이하의 방위비를 요구하거나 편파적인 차별정책을 펴면서 동맹국의 공조와 신뢰를 기대할 수 있는가. 이 같은 행위의 결과는 협력과 단결이 아닌 적대와 증오만 키울 뿐이다.

이번에 치러진 미국 대선을 지켜보면서 실망감을 느낀 사람은 필자만이 아닐 것이다. 세계에 민주주의를 전파하던 종주국의 면모는 그 어디에서도 찾아볼 수 없었다. 민주주의의 꽃이라는 선거가 축제가 아닌 전쟁을 치르는 것 같았고 국정을 책임지고 있는 현직 대통령이 투표를 하기도 전에 결과에 불복하겠다는 선언부터 했다.

선거는 끝났지만 승자를 축하하고 패자가 승복하는 아름다운 전통과 미덕은 사라지고 결과에 불복하고 끝까지 싸우자는 구호만 넘치고 있다. 미국 역사상 최고의 투표율과 득표율이 무색할 뿐이다. 일찍이 동방의 현인 최치원은 '道不遠人(도불원인) 人舞異國(인무이국)'이라 갈파했다. "도는 사람과 멀리 있지 않고 사람 사는 것은 나라에 따라 다르지 않다"는 말이다.

미국이 옛 영광을 되찾는 길은 오직 하나다. 세계의 지배자가 아니라 파수꾼을 자처했던 초심으로 돌아가야 한다. 세계 평화를 선도하고 인류의 보편적 가치와 국제규범을 준수하는 데 앞장서야 한다. 미국이 먼저 희생적 모범을 보여야 한다. 세계 그 어떤 나라도 미국 대통령이 누가 되든 유·불리에 동요되지 않고 축하를 보낼 수 있게 해야 한다. 이 길만이 진정으로 존중받는 미국으로 회귀하는 길이다.

지금 바이든 당선자 앞에는 무거운 과제가 산적해 있다. 인류사회의 심각한 현안이 되어 있는 기후변화 문제, 갈등의 요인이 되고 있는 인종차별과 통상문제, 인류의 삶을 병들게 하는 환경과 질병문제, 인권과 빈곤문제 등이다. 이 난제들을 세계 각국과 어떻게 공조하고 대처하며 접근하느냐에 따라 바이든 정치의 성공 여부가 결정될 것이다. 미국의 진정한 권위회복과 국제정치의 향방이 결정될 것이다. 기득권 세력의 변화에 대한 저항은 거셀 것이며 이를 극복하는 뼈를 깎는 고통도 따를 것이다. 고령에 대한 회의 또한 비등할 것이다.

　나는 바이든 당선자가 능히 해내리라 믿는다. 미국 최연소 상원의원으로 정치에 입문해 수많은 시련과 좌절을 극복하고 미국 최고령 대통령이 되었다. 6선 의원에 부통령까지 정치 경력 또한 화려하다. 이제 알찬 수확으로 유종의 미를 거두어야 한다. 대립각을 세우고 있는 중국과도 소통채널을 복원해 선의의 경쟁을 펼치고 바람 잘날 없는 중동의 불씨도 사위게 하고 지구촌 마지막 냉전지역 한반도 통일과 평화체제 완성에도 기여하기 바란다. 그것이 진정한 세계경영이고 불멸의 업적을 남기는 길이다.

미중, 패권보다 인류평화를 견인해야

2022. 01. 10

 2022년 새해가 밝았지만 미국과 중국의 신냉전 기류는 변함이 없다. 아니 더욱 공고해지고 있다. 2018년 7월 시작된 미중간 무역전쟁 이후 두 강대국의 대결양상은 한 치의 양보 없이 진행되어 왔다. 미국 트럼프는 자국우선주의를 표방하고 국경봉쇄, 인종차별까지도 불사하며 강대국의 권위와 책무마저 저버렸다. '파리기후변화협약 탈퇴', '아프간 철군 선언' 등이 그 대표적인 예다.

 트럼프의 뒤를 이은 바이든 역시 글로벌 리더십 회복을 다짐했지만 오래 가지 않았다. 세계평화와는 거리가 먼 미국우선주의에 매몰되고 말았다. 연일 동맹복원만을 외치고 '인도태평양전략'을 강화하면서 중국 때리기에 매달리고 있다.

 시진핑 역시 마찬가지다. '중국몽'과 중화 민족주의를 부르짖으며 만천하에 노골적으로 야심을 드러내고 있다. 미국과 대적하기 위한 우군확보에 사활을 걸고 있다. 일대일로, 아시아·태평양 포괄적 경제동반자협정

(RCEP) 등이 그것이다.

이밖에도 미국과 중국의 격전장은 도처에 널려 있다. 한반도 문제를 비롯한 남중국해와 대만해협문제, 소수민족 인권논란, 과학기술경쟁과 무역문제 등에서 첨예하게 대립각을 세우며 1979년 미·중 수교 이후 최악의 상태를 맞고 있다.

미중의 패권경쟁은 올해도 계속될 것으로 보인다. 양국의 국내정치 상황이 만만치 않기 때문이다. 바이든은 차남의 중국사업 비리 연루 의혹으로 발목이 잡혀 있어 중국 때리기를 이어갈 수밖에 없는 입장이다.

더구나 코로나방역과 고물가 등 내치 실패로 인한 지지율까지 급락해 심각한 위기를 맞고 있다. 11월에 치러질 중간선거 또한 자신의 정치생명과 직결되어 있어 반전이 필요하다. 바이든은 극약처방을 꺼내들었다. 베이징 동계올림픽 보이콧이라는 강수를 둔 것이다. 당내 강경파의 압력과 추락한 정치적 위상을 회복하기 위한 방편으로 생각되지만 이는 매우 부적절한 일이다.

자칫 양날의 칼로 작용할 수도 있다. 올림픽이 세계정치에 휘둘리는 것은 결코 바람직하지 않다. 특히 미중갈등에 올림픽 보이콧이 이용돼서도 안 된다. 세계의 여론도 호의적이지 않고 글로벌 리더십에도 도움이 안 되기 때문이다.

중국의 시진핑도 사정은 비슷하다. 중국 공산당 100년을 맞는 2049년 세계 제1국가의 완성을 목표로 총력전에 돌입했으나 국내외적으로 산적해 있는 현안들이 시진핑의 발목을 잡고 있다. 1989년 장쩌민 집권 이후 굳어진 10년 통치의 관행을 깨고 1인 장기집권을 노리고 있는 그에게 가장 큰 걸림돌은 경제문제다.

올해 중국의 경제가 30년 만에 최악이 될 것이라는 전망이 이미 곳곳에서 나오고 있다. 시진핑이 3연임을 달성하기 위해서는 당장 코앞에 닥친

경기 침체를 막아야 하고 가파르게 진행되고 있는 빈부격차를 해소해야 한다.

과도한 코로나 방역 또한 시한폭탄이다. 만약 방역에 구멍이 뚫린다면 체제의 정당성이 훼손될 것이고 정치 일정 또한 차질이 불가피하다. 대외적으로는 반쪽 위기에 처한 동계올림픽 개최문제와 미국의 대중 전략 공세를 방어해야 하는 이중고에 놓여 있다. 시진핑은 이 난관을 미국과의 정면대결로 돌파하려 한다.

그러나 이 같은 강대국들의 치킨게임은 당사국은 물론 주변국들에게 심대한 영향을 끼쳐 불안을 가중시키고 있다. 강대국으로서 결코 바람직한 일이 아니다. 진정한 강대국의 권위는 개인의 장기집권이나 첨단무기를 앞세운 힘의 과시, 기술과 부의 축적이나 편 가르기가 아니다. 인류를 상생으로 이끌어 평화와 행복을 누릴 수 있는 보다 상위개념의 봉사적 리더십이 요구된다.

지금 세계는 그 어느 때보다 불안정하고 위험한 상태다. 시시각각 인류를 위협하고 있는 심각한 기후 변화와 코로나 재난을 비롯하여 전쟁 일보 직전에 놓여 있는 우크라이나 문제, 시위가 격화되고 있는 카자흐스탄 사태, 홍콩과 신장 위구르의 인권탄압문제, 미얀마군부의 민중학살, 대책 없이 강행한 아프간 철군, 갈 곳 없이 표류하고 있는 수백 만 난민문제 등에서 보듯이 강대국들의 역할이 그 어느 때보다 절실히 요구되는 시점이다.

그런데 미중을 비롯한 강대국들은 패권다툼에 몰입하고 있다. 머리를 맞대고 역할을 다해도 모자랄 판에 오히려 그 중심에서 분란을 조장하고 있다. 그뿐 아니다. 강대국들은 희토류와 우라늄, 석유와 가스 같은 자원을 독식해 무기화 시키고 백신을 독점해 공급을 차별화하고 끊임없이 첨단살상무기를 개발해 살얼음판 갈등구조를 고착화 시키며 세계평화를 어지럽히고 있다.

미중을 비롯한 강대국들은 지금부터라도 당장 패권다툼을 멈추고 인류 공존의 길을 찾는 데 앞장서야 한다. 선진국으로서 주어진 시대적 책무를 실천하는 데 모든 역량을 집중시켜야 한다.

　그러기 위해서는 먼저 인류에게 1%의 도움도 되지 않는 핵을 포함한 첨단무기부터 함께 폐기하고 세계평화, 인권존중, 자원분배, 문화창달과 같은 다양한 인류의 보편적 가치를 지키고 공유해야 한다. 나아가 죽음보다 생명을 우선하고 독선보다는 포용을, 경쟁보다는 상생을 모색하는 진정한 강대국의 면모를 보여주어야 할 것이다.

평화공존(平和共存), 강대국(强大國)이 앞장서야

2022. 2. 21

인류 역사 이래 전쟁은 계속되어 왔다. 고대 춘추전국시대를 비롯하여 그리스 로마시대의 전쟁과 근대 두 차례의 세계대전까지 인류역사는 전쟁의 역사라 할 만큼 우리에게 익숙해져 있다. 때로는 국가가 오직 전쟁을 위해 존재하는 것 같은 착각을 일으키기도 한다. 강대국은 약소국을 침탈(侵奪) 병합(併合)하고 정복자(征服者)로 군림하는 일들이 반복되어 왔다. 아무 제동장치 없이 이를 당연시 여기며 식민지(植民地) 확대를 경쟁하던 시대도 있었다. 지금 이 시간에도 지구촌에는 크고 작은 분쟁과 갈등이 끊임없이 이어지고 있다.

러시아와 우크라이나는 이미 전쟁상태에 돌입했고 중국의 군용기들은 대만의 방공식별구역을 넘나들며 전운을 고조시키고 있다. 한반도 역시 예외가 아니다. 새해 벽두부터 북한은 미사일을 연거푸 쏘아대며 시위를 벌이고 있고 미국은 핵잠수함을 괌에 배치해 놓고 위협하며 유사시를 대비하고 있다. 북·중·러 와 미국·나토(NATO) 연합과 같은 합종연횡(合從

連橫)도 여전히 유용한 전략(戰略)으로 행해지고 있다. 그뿐인가 전쟁의 필수품인 살상무기(殺傷武器) 또한 날이 갈수록 진화(進化)를 거듭하고 있다.

그러나 전쟁(戰爭)은 대자연을 파괴하고 인류를 피폐(疲弊)하게 만드는 주범이다. 인간의 본성을 타락(墮落)시키고 고귀한 문화유산을 잿더미로 만든다. 인간이 저지를 수 있는 악(惡)의 집합체가 바로 전쟁이다. 야만성(野蠻性)과 잔인성(殘忍性)은 물론이고 인간이 쌓아 올린 모든 것을 순식간에 파괴해 버리는 것 또한 전쟁이다. 인류의 대재앙(大災殃)이라 일컫는 제1차 세계대전에서는 약 4천만 명이 넘는 사상자를 냈고, 제2차 세계대전에서는 그보다 훨씬 더 많은 5천만 명이 넘는 사상자(死傷者)가 발생했다.

한국전쟁과 베트남전쟁의 폐해(弊害)도 끔찍하기는 마찬가지다. 인명 피해 역시 수백만 명에 달하고 산하(山河)는 처참하게 황폐화되었다. 그뿐인가. 원자폭탄 한방에 수만 명이 한꺼번에 목숨을 잃는 참극(慘劇)도 우리는 생생하게 기억하고 있다. 그럼에도 불구하고 전쟁은 계속된다.

상대적으로 전쟁의 참혹함에서 벗어나 보려는 평화주의자(平和主義者)의 목소리는 울림도 파장도 크지 않다. 마치 찻잔 속의 태풍처럼 묻히고 만다. 그것은 전쟁 대부분이 강대국들의 힘에 의해 자행되기 때문이다. 시간이 흐를수록 약육강식(弱肉强食)과 적자생존(適者生存)의 논리는 여전히 기세등등하게 작용하며 회자되고 있다.

그렇다면 과연 인류사회에서 전쟁은 영원히 멈출 수 없는 것인가. 인류의 평화공존(平和共存)은 영원히 불가능한 것인가. 결론부터 말하면 결코 그렇지가 않다. 그것은 인류의 결단에 달려있는 문제이기 때문이다. 우리가 전쟁(戰爭)의 길을 선택할 것이냐, 평화(平和)의 길을 선택할 것이냐, 하는 아주 단순(單純)하고 간단(簡單)한 문제인 것이다.

강대국들이 핵을 포함한 살상무기를 폐기하지 않고 계속 강화시켜 나간다면 인류는 결국 그것으로 인해 파멸(破滅)할 수밖에 없을 것이고 이를 과감하게 버리고 함께 살아가는 길을 선택한다면 인류 평화공존의 길은 반드시 열리게 될 것이기 때문이다.

그렇다면 이 같은 혁명적 대업달성(大業達成)을 위해 누가 앞장서야 하는가. 바로 강대국이다. 핵무기(核武器)는 누가 보유하고 있는가. 첨단살상무기(尖端殺傷武器)는 누가 만들어 내고 있는가. 강대국(强大國)들이 가지고 있고 강대국들이 만들어 내고 있다. 또한 그 가공할 힘을 이용해 부(富)를 축적하고 편 가르기의 선택(選擇)을 강요하며 약소국(弱小國)들을 속박하고 있다.

결국 인류의 평화와 공존의 열쇠는 바로 강대국들이 가지고 있는 것이다. 그러기에 강대국들이 먼저 평화의 문을 열어야 한다. 인류가 평화의 길로 나아가려면 강대국들이 앞장서서 무기부터 버려야 한다. 또한 총기를 포함한 전쟁용품은 그것이 비록 장난감일지라도 결코 만들어내서는 안 된다.

강대국(强大國)들이 현재의 상황에 대한 변경이 두려워서 회피하거나 결단할 수 없다면 평화(平和)라는 말을 입에 올려서는 안 된다. 그것은 자가당착(自家撞着)이며 매우 부적절하고 무책임하고 명분도 설득력도 없는 거짓 선동이기 때문이다. 차라리 인류평화는 영원히 해결될 수 없는 문제라고 못 박고 고백하는 편이 훨씬 더 솔직한 표현일 것이다.

핵과 첨단살상무기를 보유하고 있는 강대국들은 결단해야 한다. 진정으로 인류의 평화와 공존을 원한다면 더 이상 미루지 말고 평화논의를 위한 테이블에 마주 앉기 바란다. 이 시대 진정한 영웅은 전쟁의 승자가 아니라 전쟁을 없애는 사람이다. 전쟁에서 진정한 승자는 없기 때문이다. 적극성(積極性)과 진정성(眞正性)과 지속성(持續性)을 가지고 함께 노력한다면 인류평화는 반드시 이룰 수 있을 것이다.

'푸틴'의 오판(誤判)이 부른 러시아 쇠락(衰落)의 길

2022. 03. 21

러시아의 우크라이나 침공은 세계인들에게 큰 충격이었다. 설마했지만 푸틴은 평화의 길을 버리고 전쟁을 택했다. 세계를 향해 핏빛 방아쇠를 당김으로써 돌이킬 수 없는 전범(戰犯)의 길로 들어섰다. 국가간 전쟁(戰爭)의 끔찍한 폐해(弊害)를 수없이 경험한 세계가 푸틴에게 위험한 도박을 그만두라며 전쟁불가를 수차례 경고했고 이를 타개하기 위한 협상이 진행중이었음에도 푸틴은 결국 허를 찌르며 우크라이나 수도 키에프를 비롯한 전 지역에 미사일 공격을 강행했다.

어린이를 포함한 민간인들과 원전시설까지 무차별 포격하고 한 걸음 더 나아가 생화학무기와 핵무기 사용까지 거론하며 공포분위기를 계속 키워 나가고 있다. 세계 각국은 이를 규탄하고 러시아에 대한 경제제재 동참을 선언했으며 우크라이나에는 무기와 재정지원은 물론 의용군까지 파견하며 러시아를 압박하고 있다. 이로 인해 '루블화'의 가치가 폭락하고 금융시장은 붕괴조짐을 보이며 러시아 경제는 급격히 악화되고 있다.

그뿐 아니다. 단기간에 끝낼 줄 알았던 전쟁은 장기화 조짐을 보이고 있고 우크라이나 국민들의 항전의지는 그 어느 때보다 굳건하다. 어려운 여건에서도 대통령을 중심으로 부녀자와 학생들까지 나서 분전(奮戰)하고 있다. 세계 최강의 막강한 군사력을 보유한 러시아지만 결코 쉽지 않은 전쟁이 되고 있다. 설상가상으로 러시아 곳곳에서는 반전운동이 일어나고 있고 재래식 무기의 열세로 주요 지휘관이 살해되는 등 전략(戰略)과 전력(戰力) 모두 비상이 걸렸다.

다급해진 푸틴은 사용 금지된 진공폭탄을 투입하고 심지어는 병원과 피난민들까지 무차별 살상하는 무리수까지 두고 있다. 나토는 이에 맞서 러시아 포위망을 점차 강화하고 있다. 중립국인 스웨덴과 폴란드의 나토가입이 추진되고 스위스도 자국 내 러시아 자산을 동결시키며 우크라이나 지원에 나섰다. 러시아 서쪽의 완충지대가 사라지게 되면 2014년 크림반도 합병 이후부터 축적된 러시아와 나토의 정면충돌 가능성은 훨씬 더 커지게 될 것이다.

러시아의 우크라이나 침공은 애당초 잘못된 것이었다. 러시아는 동유럽 완충지대를 지키려다 오히려 기존 완충지대마저 잃게 되었다. 협상테이블을 걷어찬 푸틴의 오만(傲慢)이 화를 부른 것이다. 오직 힘의 논리를 앞세운 군사력 하나만 믿고 세계를 적으로 돌리는 우를 범함으로써 러시아와 푸틴은 스스로 고립을 자초하고 말았다.

그동안 미·중 패권다툼의 그늘에 가려 그의 악행이 주목받지 못했지만 푸틴의 안하무인(眼下無人)의 독선과 독재는 극에 달해 국내외적으로 지탄의 대상이 되고 있었다. 정적들을 가차 없이 제거하고 합법을 가장한 해괴한 수법으로 권력연장을 꾀하면서 무소불위(無所不爲)의 권력을 휘둘렀다. 푸틴의 만행에 염증을 느낀 러시아 국민들과 군부의 불만은 최고 수위로 팽배해 있다.

만일 우크라이나와의 전쟁이 실익 없는 장기 소모전이 될 경우 정변가능성까지 제기되고 있는 실정이다. 이처럼 푸틴의 오판이 부른 무모한 전쟁은 푸틴 스스로를 찌르는 비수(匕首)가 될 것이며 러시아를 쇠락(衰落)의 길로 접어들게 할 것이다.

첫째가 러시아 경제의 파탄이다. 미국과 서방국가들은 시간이 흐를수록 러시아에 대한 경제제재를 계속 강화해 나갈 것이고 여기에 끝까지 반대할 명분이 약한 중국까지 동참하게 되면 러시아의 경제는 뿌리째 흔들릴 수밖에 없다. 지금은 미국과 영국 등이 러시아산 원유와 천연가스 수입동결을 선언해 전 세계의 물가가 급등하고 오일쇼크에 버금가는 상황이 나타나고 있으며 실제로 그 여파는 우리나라까지 확산되고 있다.

이에 고무된 푸틴은 경제제재를 비웃고 루불화 환전까지 중단하며 휴전제의와 철군에 응하지 않고 있지만 세계가 이미 정치, 외교, 경제 등에서 하나로 연결되어 있는 마당에 정상국가에서 이탈하게 되면 누구든 살아남을 수가 없다. 러시아는 결국 우크라이나 침공이 부메랑이 되어 불과 30여 년 전 구소련이 해체될 당시의 상황으로 되돌아가는 비참한 몰락의 길을 걷게 될 것이다.

둘째, 러시아의 '벼랑 끝 전술'로 인한 자폭(自爆)의 길이다. 전쟁은 언제나 예측을 불허한다. 전력이 강하다고 반드시 승리하는 것도 아니다. 나폴레옹도 히틀러도 일본도 미국도 모두 그랬다. 푸틴이 러시아의 영향권을 넓히려고 시작한 전쟁이지만 그의 예상과는 완전히 다르게 작동하고 있다. 우크라이나 국민들과 서방세력을 포함한 세계적 저항은 생각보다 훨씬 강경하고 전쟁의 흐름도 속전속결이 아닌 장기전 양상으로 변하고 있다. 궁지에 몰리게 된 푸틴은 불안한 나머지 핵을 만지작거리며 세계를 향해 공포분위기를 조성하고 있다.

자칫 핵폭탄이 난무하는 인류공멸(人類共滅)의 극한상황도 배제할 수 없게 된 것이다. 당장 멈추어야 한다. 러시아는 자폭(自爆) 대신 즉각 철군해야 하고 서방세력은 평화의 길을 열어야 한다. 전쟁은 미치광이 짓이다. 승자도 패자도 자해(自害)의 늪에서 헤어날 수 없고 종국에는 모두가 실패국가로 전락하는 백해무익한 것이다.

강대국들의 패권다툼에서 피해를 입는 것은 약소국들이고 탐욕스런 지도자의 오판으로 죽어가는 것은 언제나 꽃다운 청년들과 선량한 국민들이다. 갈등과 대립을 멈추고 전쟁을 종식시키는 것만이 인류가 평화롭게 살 수 있는 상생(相生)의 길이다.

제4부

전환시대 한반도의 대응전략

광주 '5.18'에 대한 망언과 분열의 정치

2019. 02. 15

자유한국당 일부 의원들의 5.18광주민주화운동 모독발언 파문이 좀처럼 가라앉지 않고 있다. 초청 연사 지만원은 '북한군 개입설'까지 주장하는 망언(妄言)을 했다. 그것도 민의의 전당이라고 하는 국회에서 이 같은 일이 벌어졌다는 것은 상식을 논하기에 앞서 참담함을 금할 수 없다. 망언(妄言)을 사전에서 찾아보면 '이치에 맞지 않고 허황되게 말함, 또는 망령되게 말함'이라고 되어 있다. 그렇다. 그 자리에서 쏟아져 나온 말들은 이치에 맞지 않을 뿐만 아니라 너무나 황당하고 어처구니가 없는 발언들이라 지면에 옮기기조차 민망하다.

5.18특별법은 김영삼 정부 시절 제정되었다. 김영삼 대통령은 1993년 5월 13일, 대국민 특별 담화를 통해 5.18광주민주화운동에 대한 문민정부의 공식 입장을 밝혔다. 현 정부는 광주민주화운동의 연장선상에 있다고 만천하에 천명했다. 이어서 역사 바로 세우기 차원에서 1995년 11월 24일, 5.18특별법 제정을 지시했다. 5.18특별법은 곧바로 1995년 12월 19일 여야

합의로 국회에서 통과되었다. 그리고 이틀 후인 21일에 공포되어 오늘에 이르고 있다. 광주민주화운동이란 단어도 이때에 생긴 말이다.

이처럼 합법적 절차에 따라 국회에서 제정된 법을 소위 헌법기관이라고 자처하는 국회의원이 인정하지 않는다면 이 나라가 어찌되는가. 국민들은 누구를 믿고 국정을 맡겨야 하는가. 더구나 이번에 문제를 일으킨 국회의원이 소속된 정당인 자유한국당은 김영삼 정부와 맥이 닿아 있지 않는가. 당사에 걸려 있는 김영삼 대통령의 사진은 무엇을 말하고 있는가.

우리나라 속담에 '하늘 보고 침 뱉기'라는 말이 있다. 아무리 특정지역이 마음에 들지 않고 정치적 반전을 노리는 전략이라 해도 이것은 금도를 한참 벗어난 망발이었다. 사람은 누구나 해야 할 말이 있고 해서는 안 되는 말이 있다. 더구나 선량이라고 하는 국회의원이다. 법을 제정하는 우리 사회의 대표적 공인이다. 그런데 스스로 국회를 능멸하고 자신이 몸담고 있는 정당의 뿌리를 욕보였다.

뿐만 아니라 왜곡된 사실로 국민들을 선동하여 분열시키는 행위를 했다. 얼마나 커다란 국력 낭비인가. 오죽하면 자당의 인사들까지 나서 그들의 발언을 두고 어불성설이라 하고 정신 좀 차리라고 했겠는가. 가뜩이나 국회의원들의 비리가 터져 나오고 국회가 제구실을 못한다고 국민들의 질타가 이어지는 시점이다. 자성하고 통합의 길을 찾아도 모자랄 판에 갈등을 조장하고 분열을 선동해서야 되겠는가.

자유한국당 지도부의 미지근한 대응도 도마 위에 올랐다. '5.18망언'으로 논란을 빚은 이종명 의원 한 명만 출당조치하고 김진태 · 김순례 두 의원에 대해서는 당내의 당규를 들어 징계 유예 결정을 했다. 그러나 이 같은 결정은 사태의 심각성을 과소평가한 서투른 봉합이었다. 불씨를 완전히 제거하고 전당대회를 치렀어야 했다. 읍참마속의 결단과 결자해지의 모습을 국민들에게 보였어야 했다. 차후 논란거리를 남겨둠으로써 봉합이 아니라 오히려 화를 키우는 격이 되고 말았다.

더구나 탄핵정국으로 치명상을 입은 당을 살리기 위해 비상대책위원회까지 꾸려서 재기를 모색하는 중이었다. 이들의 행동은 당의 정체성마저 흔들리게 만들었다. 조금씩 살아나던 지지율 하락은 물론이고 당의 진로를 결정짓는 전당대회도 선명성이 퇴색해 버렸다. 전당대회의 결과와 관계없이 이후에도 논란은 지속될 것이기 때문이다.

요즘 우리 사회에는 가짜뉴스가 범람하고 있다. 어떤 것이 참이고 어떤 것이 거짓인지 구별하기가 쉽지 않다. 정체불명의 가짜뉴스가 인터넷과 SNS를 통해 무차별 살포되고 있어 사회의 혼란을 가중시키고 있다. 이는 국민들의 의식을 흐리게 하고 올바른 가치관 정립을 말살시키는 마약보다 무서운 범죄다. 이 같은 가짜뉴스를 양산시키는 집단이나 개인들의 일탈을 지금 바로잡지 않으면 망국으로 가는 지름길이 될 것이다.

사실보도라는 언론의 사명과 중요성이 요즘처럼 간절히 요구되는 때도 없을 것이다. 과거 우리 역사를 보면 위정자들이 헛소문이나 가짜상소를 통해 정적을 제거하는 일이 많았다. 그러나 대부분 거짓으로 밝혀져 자멸하거나 정권의 몰락을 재촉하고 심지어는 나라까지 위기에 몰아넣었음을 우리는 익히 알고 있다.

이번 5.18망언파동은 결코 작은 일이 아니다. 반드시 책임을 물어야 한다. 일본 정치인의 독도와 위안부에 대한 망언만으로도 지쳐 있는 국민들이다. 하물며 국민을 대표한다는 내 나라 국회의원의 망언까지 함께 들어야 하는가. 국민들의 혈세를 받아가며 무책임한 망언을 쏟아내 국민들을 분노케 한 의원들은 국회에서 즉각 퇴출시켜야 한다. 미국 닉슨 대통령을 물러나게 한 '워터게이트 사건'을 반면교사로 삼아 가짜뉴스를 척결하고 선동과 분열의 정치를 끝내길 바란다.

동맹(同盟)보다 주권(主權)이 우선이다

2019. 09. 02

최근 정부의 외교 기조에 변화가 감지되고 있다. 그동안 한국정부는 혼돈으로 얼룩진 국제 외교무대에서 주변 나라들과는 결이 다른 행보를 보여 왔다. 특히 문재인 대통령은 강대국 정상들이 퇴행적이고 상식에 어긋난 독선적인 성향을 보이는 데 반해 마치 유리그릇을 다루듯 신중함을 보여 왔다. 심지어는 사방에서 금도를 벗어난 조롱과 매도로 융단폭격을 퍼붓는데도 침묵하며 소극적 방어로 일관했다. 이에 대한 국민들의 자괴감과 상처는 쓰리고 아팠다.

그러나 74주년 광복절 기념사를 계기로 태도가 달라졌다. 그동안의 인내로 도덕적 명분축적을 끝냈다는 듯이 단호한 비판적 목소리를 내기 시작했다. 전략적 모호성을 보이며 미루어 왔던 민감한 사안들에 대해 단호한 결단과 행동을 보여주었다. 일본을 백색국가에서 제외시키고 한일 군사정보보호협정(지소미아)의 종료를 선언했다.

그뿐 아니라 곧이어 '동해영토수호훈련'에 전격 돌입했다. 독도에 이지

스함인 세종대왕함을 비롯하여 육해공의 정예부대와 '특수전사령부' 병력까지 내세웠다. 군이 '영토수호훈련' 이란 명칭을 사용한 것도 일본은 물론 세계를 향해 독도가 우리 영토임을 각인시킨 것이다.

이에 대한 반응은 즉각 나타났다. 가장 먼저 불법적 무역도발로 한미일 공조를 깨버린 일본이 불에 덴 듯이 들썩이고 있다. 그동안 우리 정부의 대화 자체를 외면하고 외교적 해결을 거부하며 한국을 적으로 규정했던 아베 정부가 당혹함을 숨기지 않고 있다. 겉으론 여전히 망언의 목소리를 높이고 있지만 설득력을 잃은 지 오래다. 일본이 인류화합을 상징하는 올림픽 개최를 앞두고 오히려 이웃나라와 분열을 조장함으로써 세계 여론의 직격탄을 맞고 있다.

일본 국민들도 무리한 무역보복으로 일본경제에 역풍을 몰고 온 데 대해 곱지 않은 시선을 보내고 있다. 일본 야당 또한 정상적인 외교 궤도를 이탈한 아베의 독선에 제동을 걸고 나섰다. 한국에 대한 무역도발이 일본 전체 국민의 뜻이 아니었음이 증명된 것이다. 이로써 아베의 필생의 업인 평화헌법 개정도 무위로 끝날 공산이 커졌다. 어쩌면 아베정권의 몰락으로 이어질 수도 있다. 자업자득인 셈이다. 일본은 언제라도 독일을 본받아야 한다. 지난 역사의 잘못을 진정으로 사죄해야 한다. 당장 무역보복도 철회하고 정상적 외교관계가 작동할 수 있도록 결자해지해야 한다.

미국 역시 마찬가지다. 한국 정부가 지소미아의 종료를 선언하고 26개 미군기지에 대한 조기반환을 촉구하자 이제 겨우 우려와 실망을 쏟아내며 중재의사를 표방하는 등 부산을 떨고 있다. 그것도 우리의 최소한의 주권행사에 대한 존중 차원이 아니라 미국의 동북아 안보전략에 미칠 영향을 고려해서 나온 것임은 말할 것도 없다. 강대국으로서의 책무 소홀을 반성하기보다 한국 외교의 독자성을 경계하며 주목하기 시작한 것이다.

미국은 그동안 말로는 한미일 공조를 운운하면서도 일본의 무역보복에 대해서 한국을 차별하고 일본을 두둔해 왔다. '무역에는 동맹도 없다' 며 냉혹하게 선을 그었다. 이 밖에도 한·미가 진정한 동맹국인지 의심스러울 정도의 행보는 우려를 넘어 우리 국민들을 분노케 했다. 북한이 남한을 겨냥해 수차례의 단거리 미사일을 쏘아대도 장거리 탄도미사일이 아니니 아무 문제가 없다고 일축했다.

또 독도방어훈련은 비생산적이며 문제해결을 악화 시킬 뿐이라며 노골적으로 일본을 거들었다. 심지어는 한·미 연합훈련은 돈만 낭비하는 쓸데없는 짓이라고 하면서도 주한 미군에 대한 방위비 폭탄을 제시하는 이중성을 보이고 있다. 뉴욕아파트 114달러를 받는 것보다 한국에서 방위비 10억 달러를 받는 것이 훨씬 쉬웠다는 유치한 언사는 상식 있는 사람들의 귀를 의심케 했다. 그러면서도 해외 파병요청이나 중거리 미사일 기지 설치 타진 등 자국 이익 챙기기에는 한 치의 양보도 없는 집요함을 보이고 있다.

국제사회의 생태계도 '동물의 왕국' 과 별반 다를 바가 없다. 지금 이 시간에도 지구촌 곳곳에서는 강자들의 약탈과 인명살상이 숨 가쁘게 진행 중이다. 우리도 과거 역사는 물론이고 근래 몇 달 동안만 해도 이 같은 사실을 분명하게 실감하고 있다. 미국과 일본은 물론이고 중국과 러시아 북한까지도 약한 고리를 찾아 영해 영공을 넘나들며 무차별 위협을 가하고 있다. 21세기 문명사회에도 약육강식과 적자생존의 논리가 여전히 지배하고 있음을 여실히 보여준다.

국제외교에서 영원한 우방도 영원한 적도 없다는 외교적 명언도 분명하게 확인했다. 과거 치열한 무역전쟁을 치렀던 미국과 일본은 이미 한 편이된 지 오래고 전략가 키신저의 핑퐁외교로 병든 이무기에서 승천하는 용으로 변신한 중국은 미국과 무역전쟁을 벌이며 치열한 패권다툼을 벌이고 있다.

또 한국전쟁에서 사생결단으로 맞섰던 북미 정상은 싱가포르, 하노이, 판문점을 무대로 서로 좋은 친구라고 추켜세우며 정상회담을 이어가고 있다. 앞으로 어떤 나라들이 어떤 방향으로 변신하게 될지 아무도 모른다. 다만 분명한 것은 자국의 주권수호와 경제이익을 고려해 결정될 것은 단언할 수 있다.

우리도 당연히 그리 해야 한다. 대한민국은 주권국가다. 주권국가로서 침해를 받거나 부당한 조치에 대해서는 단호한 대응이 필요하다. 외교도 동맹도 주권에 우선할 수는 없다. 지금 당장의 편리함과 이익을 위해 강자에게 비굴하거나 침묵으로 일관한다면 그것은 미래를 포기하는 것이나 마찬가지다. 한 번 밀리기 시작하면 바닥이 보일 때까지 물어뜯고 착취하는 것이 강자들의 생리다.

따라서 모든 대외정책은 이점을 고려해서 결정되어야 한다. 한편으론 다양한 외교채널을 열어놓고 세계평화와 인류의 보편적 가치추구를 위해 끝없이 소통해야 하지만 우리의 주권이나 국익을 해치는 사안들에 대해서는 전 국민이 하나가 되어 강력히 대응해야 한다. 이것이 주권국가로서 최소한의 권리이며 우리 역사와 국가를 보존하는 길이다.

미, 방위비 분담금 폭증(暴增) 요구 부당하다

2019. 11. 11

　미국이 11차 한 · 미 방위비 협상에서 방위비 분담금 50억 달러(약 6조원)를 요구한 것으로 알려졌다. 지난 10차 협상에서는 9,602억 원에서 8.2% 인상된 1조 389억 원으로 증액한 바 있다. 50억 달러는 금년 부담액의 6배에 해당하는 금액이다. 그야말로 폭증(暴增)이다. 미국의 이 같은 요구는 지나침을 넘어 외교상식에도 어긋난다. 한미 분담금 특별협정의 기존 틀을 일방적으로 깨버린 것이다.

　분담 항목도 확대했다. 지금까지 규정된 한국의 분담 항목은 주한 미군에서 일하는 한국인 노동자의 인건비와 군사건설비 군수지원비 등이다. 그런데 미국이 50억 달러 증액 요구와 함께 추가로 신설한 항목들을 보면 우리와 직접 관련이 없는 미군의 순환배치비용은 물론이고 한미연합훈련 때 미군 병력이 미국 본토에서 증원될 때 발생하는 비용까지 포함시키고 있다.

　심지어 주한 미군에서 근무하는 군무원과 그 가족들의 생계지원비까지도 한국이 부담하라고 요구하고 있는 것이다. 미국의 이 같은 요구의 핵심은 한 마디로 이제 한미동맹이나 대한민국의 방어를 위해 드는 모든 안보비용은 전액 한국이 부담해야 된다는 것을 뜻한다.

그동안 트럼프가 한국 정부와 국민들을 향해 쏟아낸 말들을 종합해 보면 방위비의 큰 폭 증액은 어느 정도 예상되었다. 그는 일관되게 한국은 부자나라다. 그런데 안보를 무임승차하고 있다. 전화 한 통으로 5억 달러를 더 받아냈다. 미국은 더 이상 세계 경찰노릇을 하지 않겠다고 하면서 공들여 군불을 지핀 바 있다.

그렇다 처도 이 같은 요구는 파격적이고 충격적이다. 그의 사업가다운 오랜 경험에서 터득한 하나의 협상전략일 수도 있고 일본이나 독일과의 방위비 협상을 앞두고 한국을 본보기로 삼아 그들과의 협상에서 성과를 내려는 꼼수일 수도 있다.

그러나 어찌됐건 이는 잘못된 생각이다. 주한미군지위협정(SOFA) 규정에도 위배될 뿐만 아니라 장기적 관점에서 미국에게도 매우 불리한 소탐대실(小貪大失)의 우를 범하는 것이기 때문이다. 트럼프는 동맹도 사업이고 모든 것이 국익이 우선이라 말하지만 그것은 미국만 통용되는 말이 아니다. 외교에도 금도가 있다는 것을 망각한 처사다.

첫째, 미국이 주장하는 방위비 폭증은 전혀 설득력이 없다. 또한 한국정부는 지금까지 안보 무임승차를 한 적이 없다. 한미동맹에 지극히 충실했고 한미간에 약속된 방위비를 정확하게 분담했다. 더구나 현재의 분담금조차도 과도하다. 미군은 한국이 현재 부담하고 있는 분담금도 1조 1천억이 남아 그 잉여금으로 이자놀이를 하고 있지 않은가. 그뿐인가 평택에 엄청나게 광활한 부지를 마련해 10조원의 예산을 들여 트럼프 본인이 '원더풀'을 몇 번씩 외칠 정도로 최신식 미군 기지를 건설해 제공했다.

한국은 미국의 값비싼 첨단무기를 대거 구입하고 있는 최고의 고객이다.

그 외에도 세금 감면 등 수조원의 직간접 혜택을 제공하고 있다. 그보다 더 중요한 것은 미군의 한국 주둔은 한국만을 위한 것이 아니다. 한미가 안보를 서로 공조하는 것이다. 한국은 미국의 세계 패권을 유지하기 위한 동북아 전략에서 빼놓을 수 없는 전초기지다. 지난 사드배치 파동 때 중국이 한국에 가했던 메가톤급 경제보복은 무엇을 의미하는가. 한국이 천문학적인 손해를 감내하면서까지 한미동맹의 동반자역할을 충실히 수행해 왔음을 미국은 잊었는가.

둘째, 한미동맹의 균열을 자초한 것은 미국이다. 최근 미국은 한국에 대해 동맹국 역할에 결코 충실하지 않았다. 입으로는 동맹이라 말하면서 한국이 어려움에 직면했을 때 전혀 우군이 되지 못했다. 무관심을 넘어 조롱까지 했다. 일본의 경제보복이 극에 달했을 때도 오불관언(吾不關焉)이었고 북한이 중단거리 미사일을 연일 쏘아댈 때도 그것은 별문제 될 게 없다고 했다. 한국 정부와 한국 국민들의 안보와 정서는 전혀 고려하지 않았다. 오로지 미국의 국익만 챙겼다.

그러다가 한국이 한일군사정보보호협정(GSOMIA, 지소미아)의 종료를 결정하고 나서야 비로소 움직이기 시작했다. 불에 덴 듯 한국으로 줄줄이 달려와 한미일 3각 안보협력을 흔드는 것이라며 요란을 떨고 있다. 중국을 견제하기 위한 인도태평양 전략에 동참을 요구하는 뻔뻔함마저 보였다. 그것도 모자라 국회를 방문해 주한미군의 감축 등을 흘리며 방위비 분담금 폭증 카드를 내밀고 있다. 이는 한국 국민에 대한 모욕이고 무례이며 협박이다. 미국 스스로 신뢰와 동맹파기를 부추기고 있는 것이다.

미국의 방위비 폭증 요구는 부당하다. 미국은 강대국으로서의 품위와 동맹국으로서의 신의를 지키기 위해서라도 증액요구를 당장 철회해야 한다. 방위비 50억 달러는 한국을 동맹국이 아닌 미국의 군수산업 병참기지로 만들려는 것이다. 미군을 동맹군이 아닌 용병으로 전락시키는 것이다. 모든 일은 지나치면 동티가 나게 되어 있다.

지난 10월 18일, 미국의 과도한 방위비 요구가 전해지자 그동안 학업에만 전념하던 대학생들이 미 대사관 담장을 넘기 시작했다. 미국은 이것을 단순한 해프닝 정도로 생각해서는 안 된다. 더 이상 한국 국민들의 반미정서를 촉발시키지 말아야 한다. 북미대화가 교착되고 북한의 비핵화마저 무산되면 한국도 생각을 달리할 수밖에 없다.

과도한 방위비를 지불할 바엔 그 돈으로 자체 핵개발을 하는 게 더 현실적일 수도 있다. 미국이 한국을 진정한 동맹국으로 생각한다면 보다 진지하고 합리적인 자세로 협상에 임해야 한다. 정부 또한 이 점을 분명하게 주지시켜 대등하고 공평한 협상이 되게 해야 할 것이다.

'코로나19' 국가재난과 국민공동체 의식

2020. 02. 28

아직 연초지만 2020년 최대의 화두는 아마도 '코로나19'(신종코로나바이러스 감염증)가 될 것 같다. 새해 벽두부터 동북아는 물론 세계를 강타하며 지구촌을 달구고 있다. 발원지 중국 우한에서 처음 시작되었을 때만 해도 이처럼 무서운 기세로 번질 줄은 미처 예상치 못했다. 발생한 지 벌써 한 달여가 지나고 있는데도 수그러들기는커녕 더 빠른 속도로 번지고 있다.

확진자만 벌써 2,000명이 넘었다. 정부당국도 이 사태를 위기경보 최고 등급인 심각단계로 받아들였다. 국민들이 느끼는 감정은 불안을 넘어 가히 공포수준으로 다가오고 있다. '코로나19'의 태풍은 목전으로 다가온 4.15총선 이슈마저 무력화 시켰을 뿐만 아니라 영화 '기생충'으로 비영어권 영화로는 최초로 아카데미 오스카상 4관왕에 오른 봉준호 감독의 100년만의 쾌거도 순식간에 집어 삼켜 버렸다.

모든 집회는 줄줄이 취소되고 마스크 착용은 생활의 필수가 되었다. 자고나면 수백 명씩 확진자가 급증하면서 사망자 또한 늘어나는 추세에 있다. 지금 우리가 겪고 있는 '코로나19' 파동은 최대의 경제 위기였던 IMF 때보다 더 심한 국가재난임이 분명하다. IMF 때는 경제만의 문제였지만 지금 이 사태는 양수겸장(兩手兼將)에 처해 있다. 전 국민의 생명과 경제까지 한꺼번에 무너뜨리고 있기 때문이다.

전국 곳곳이 안전지대가 없고 국민들은 하루하루를 감염 불안에 떨고 있다. 그 중에서도 대구 경북지역은 그 체감도가 더욱 심하다. 특히 폐쇄와 고립에 휩싸인 대구시민들은 전시처럼 일상이 마비될 정도의 극심한 시련을 겪고 있다.

국가의 존재 이유 중 가장 큰 것이 국민의 생명과 안전을 지키는 것이다. 지금 국민의 생명과 안전이 심각하게 위협받고 있다. 정부와 지자체는 전심전력을 다하여 위기대응과 극복에 만전을 기해야 할 것이다. 긴급추경 편성은 물론 전시에 버금가는 조치가 뒤따라야 한다. 모든 국민들에게 최소한 마스크 하나라도 어려움 없이 구할 수 있도록 해야 한다.

여야 또한 총선정쟁을 중단하고 함께 지혜를 모아 감염차단과 방역에 후회 없는 총력전을 펴야 한다. 국민들은 이 엄청난 사태로 인해 극도로 예민해져 있다. 모든 공직자들은 맡은 바 책임을 통감하고 살신성인(殺身成仁)의 자세로 임해야 한다. 작은 일처리 하나에도 세심한 주의와 배려가 뒤따라야 한다. 선거철을 맞은 정치인들의 언행 또한 신중을 기해야 한다. 국민들은 여야의 일거수일투족을 면밀히 주시하고 있다.

이 사태를 진정시키기 위해 최선을 다하는 것이 가장 탁월한 선거 전략이 될 것이다. 언론들도 보도에 세심한 주의를 기울여야 한다. 지금은 평소와 다르게 공직자의 말 한 마디 언론의 용어선택 하나가 국민들의 정서에 미치는 파장이 크기 때문이다. 이번 코로나바이러스 파동은 비단 우리나라만의 문제가 아니다. 동북아는 물론이고 중동과 미국 유럽까지 40여 개의 나라가 초비상이 걸려 있다. 당연히 국가마다 이해관계가 얽혀 있기 마련이다.

우선 입출국 문제만 하더라도 각국이 신경전을 벌이고 있다. 이런 때일수록 정부와 외교 당국은 좌고우면(左顧右眄)하지 말고 신속하고 단호한 결정과 조치를 취해야 한다. 지금은 비상시국이다. 모든 결정에는 자국민 보호가 최우선이 되어야 할 것이다.

우리 국민들은 언제나 위기에 강한 면모를 보여왔다. 이번 '코로나19' 재난도 슬기롭게 극복해 낼 것이다. 이처럼 엄청난 재난 극복은 당국의 힘만으로는 역부족이다. 국민들의 참여와 협조가 절대적이다. 아무리 거센 폭풍우가 몰아쳐도 민과 관이 합심하면 능히 극복해 낼 수 있다. 우선 작은 것부터 실행에 옮길 일이다.

'코로나19' 확산방지를 위해 당국에서 권고하는 행동수칙을 철저히 따라야 한다. 이를 결코 가벼이 여겨서는 안 된다. 마스크 착용과 기침할 때 가리기 손 씻기는 기본이다. 도심 대규모집회는 물론 각종 집단행사를 자제하고 중단해야 한다. 감염 의심자의 자진신고나 문제가 되고 있는 종교 관련 단체의 명단제출 등도 신속하고 정확하게 이루어져야 한다. 또 방역물품의 사재기나 악성유언비어 유포 같은 정보전염병을 퍼뜨리는 몰지각한 행위 또한 근절되어야 한다.

지금은 엄혹한 시기다. 그럼에도 우리 주위에는 희망과 용기를 심어주는 사람들이 많이 있다. 방역과 치료에 전념하고 불안과 공포를 따뜻한 마음으로 감싸주는 미담의 주인공들이 있다. 하루 한 시간 남짓의 수면으로 버티면서 방역관리에 사력을 다하는 의료진과 공직자들이 있고 독거노인과 취약계층에게 음식제공이나 전화로 위로하는 온정 넘치는 이웃들도 있다. 그뿐인가 어려움을 겪고 있는 대구 경북지역에 방역물품을 보내는 개인과 단체들이 늘어나는가 하면 위험을 무릅쓰고 자원봉사를 자처하며 험지로 뛰어드는 재난구호 의병들도 속출하고 있다.

그렇다. IMF 때도 그랬고 가까이는 지난 해 고성 산불 때도 그랬다. 이처럼 아름답고 의로운 국민들이 있기에 우리는 그 어려운 시련들을 모두 극복해낼 수 있었다. 그러기에 광풍처럼 불어 닥친 이번 '코로나19' 국가재난도 우리는 반드시 극복해 내리라고 믿고 있는 것이다.

한반도 '코로나19' 이후를 준비할 때다

2020. 03. 16

'코로나19' (신종 코로나바이러스 감염증)가 전 세계를 강타하고 있다. 전파 속도가 맹위를 떨치면서 세계의 중요한 이슈들도 빛을 보지 못하고 있다. 남·북·미의 한반도 외교도 사실상 중단상태다. 주요 관심사로 떠오르던 미중간 패권경쟁이나 한국의 총선, 북한의 도발, 미국의 대선마저도 세인의 관심을 끌지 못하고 있다. 평소 같으면 하나하나가 실시간 톱뉴스가 되는 초미의 관심사였을 것이다 세계가 '코로나19' 라는 발등의 불을 끄기 위해 전전긍긍하고 있는 가운데 국내에서도 정치, 경제, 사회, 문화 등 모든 것이 뒷전이 되었다.

그러나 이 시간에도 역사는 쉼 없이 작동되고 있다. 우선 한반도에선 3월 중순에 실시하려던 한미합동군사훈련 연기나 취소가 거론되고 있고 한미간 방위비 협상도 진행중이다. 1인 독재체제로 장기집권을 꿈꾸던 중국 시진핑은 바이러스 발원지라는 오명에다 대만문제 등 잇따른 난제를 만나 고속질주에 제동이 걸렸다. 일본의 아베는 초강수를 두고 있지만 부패스

캔들과 '크루즈선' 방역 미숙으로 올림픽 연기는 물론 실시 여부까지 불투명해 자리보전이 위태롭다. 중동은 여전히 혼미하고 미국은 이미 대선이 불붙었다. 유럽 정세 또한 영국이 EU를 떠나면서 심하게 요동치고 있다.

세계는 이처럼 재난의 고통 속에서도 여전히 굴러가고 있다. 위기가 닥쳤다고 해서 멈추어지지 않는다. 재난이 닥쳤을 때 가장 먼저 챙겨야 하는 것이 국가의 안위고 빈틈없는 행정이다. 이런 때일수록 외교는 더 빛을 발해야 하고 방위태세는 더 강화되어야 한다. 더구나 지금은 총선국면이다. 여야의 극단에 치우친 정치적 수사가 난무하고 국민들도 양쪽으로 갈려 있다. 정부의 관리책무가 막중한 이유다.

지난해 한반도 정세는 매우 실망스럽고 어두운 한해였다. 연말에는 온 겨레의 열망이었던 '한반도 평화체제 구축'이라는 명제가 흔들리는 것을 지켜보아야 했다. 정부는 새해를 맞아 대화의 불씨를 살려보려고 했으나 북미가 응하지 않았다. 결국 북미회담은 무산됐고 남북의 관계개선을 위한 노력도 코로나가 앗아가 버렸다.

북한은 이 와중에 무력시위를 하고 있다. 발사체가 어떤 종류고 그 의도가 무엇이든 대단히 잘못된 처사다. 세계가 어려움에 직면하고 있는 이때 결코 해서는 안 될 일이다. 그러나 김 위원장이 남쪽 국민들에게 재난극복의 위로서신을 보낸 것은 매우 잘한 일이다. 남북정상들이 친서를 교환하고 한반도 현안을 논의하는 것은 많을수록 바람직한 일이기에 그렇다.

'코로나19' 재난은 언젠가 퇴치될 것이다. 고난 속에서도 우리는 내일을 생각하고 미래를 준비해야 한다. 한반도 통일과 평화를 구축하는 일은 우리 겨레가 멈출 수 없는 일이다. 정부의 해당부처는 밤을 새워서라도 재난 이후를 대비하는 플랜을 준비해야 한다. '북한의 비핵화' '한반도 평화체제' 어디서부터 무엇이 잘못 되었는지 냉철한 반성이 있어야 하고 치명적 패착(敗着)은 없었는지 면밀한 복기가 필요하다. 그 토대 위에 새로운 비책이 나와야 한다. 무조건 나서거나 마냥 기다린다고 해서 될 일이 아니다. 이것은 남·북·미 모두가 공히 자성해 보아야 할 대목이기도 하다.

특히 남과 북은 한반도의 당사자들이다. 남의 탓을 해서는 안 된다. 북미회담은 그렇다 해도 남북관계가 교착상태에 놓인 것은 공동책임이 있다. 남북은 책임을 통감하고 대화의 장부터 만들어야 한다. 현 상황에서 북미대화는 어렵다. 양측 모두 미국 대선이 끝날 때까지는 움직이지 않을 것이기 때문이다. 미국은 이미 대북라인을 공백수준으로 만들어 버렸고 북한도 미국에 대해 빗장을 걸고 제 갈 길을 가고 있다.

그렇다고 해서 남북마저 손을 놓아서는 안 된다. 남북관계는 하루속히 정상화해야 한다. 적지 않은 난관이 예상되지만 그렇다고 포기해서는 안 된다. 북한을 끝까지 껴안고 갈 수밖에 없는 것이 우리의 숙명이다. 대통령도 공군사관학교 임관식에서 한반도 운명은 스스로 결정할 수 있어야 한다고 했다. 맞는 말이다. 그렇게 하기 위해서는 새판짜기와 함께 대국적 사고가 필요하다. 지나친 신중함에서 벗어나 실기하지 않는 빠른 결단이 요구된다. 정책의 모호성에서도 탈피해야 한다. 이것은 매우 중요한 일이다. 지금까지 사면초가에 몰려 어려움을 겪은 것도 다 여기에 기인한 것이다.

첨예하게 이해가 상충하고 있는 북미를 상대로 중재자 역할로는 한계가 있다. 양측을 만족시킬 만한 카드는 적고 그들로부터 공격받을 일은 많다. 지금부터라도 돌출되는 사안마다 분명하고 확실한 우리의 목소리를 내야 한다. 이제 우리 국력이 그럴 때가 되었다. 그것은 북미뿐만 아니라 중국이나 일본, 세계 어느 나라에게도 마찬가지다. 당장은 어려움이 따르겠지만 감수하고 이겨내야 한다. 국민들도 자긍심을 가지고 적극 협력해야 한다. 그것이 진정한 애국이고 미래로 나아가는 바른 길이기 때문이다.

미중, 신냉전과 한반도의 외교전략

2020. 09.28

　미국과 중국의 패권다툼이 갈수록 격렬해지고 있다. 1989년 소련의 해체로 끝났던 미·소 냉전이 미·중의 신냉전으로 빠르게 전환되고 있다. 강대국의 패권경쟁이야 유사 이래 언제나 있어 왔고 또 피할 수 없는 일이다. 그러나 미·중 갈등은 한반도에 직접적인 악재로 작용할 가능성이 매우 높기 때문에 주목하지 않을 수 없다. 그 파장의 강도가 큰 데다 언제 어떤 형태로 나타날지도 미지수다.

　따라서 이에 따른 정부의 외교와 정책적 대응전략이 필요한 시점이다. 미·중의 갈등은 트럼프와 시진핑이 집권하면서 악화되어 왔다. 중국의 일대일로가 미국의 인도 태평양 전략과 맞물리고 트럼프의 미국 제일주의와 시진핑의 중국몽이 부딪치면서 양보할 수 없는 패권경쟁을 벌이고 있는 것이다. 이제 중국의 G2의 자리는 확고부동하다. 중국은 과거 값싼 제품을 생산하는 세계의 하청공장이 아니라 첨단기술을 선도하는 4차 산업혁명의 보고가 된 지 오래다.

2019년 중국의 GDP가 미국의 63%를 넘어섰고 금년 말이면 70%에 이를 것으로 전망하고 있다. 이처럼 중국의 도약이 예사롭지 않음을 간파한 트럼프가 중국 견제에 나선 것이다. 2018년 중국산 제품에 대한 고율관세를 부과하면서 무역전쟁으로 그 포문을 열었다.

올해 초부터는 미국의 전방위적 공세가 더욱 거세지고 있다. 코로나19 중국 책임론을 비롯하여 화웨이 퇴출과 틱톡의 배제, 반도체와 정보기술(IT)의 치열한 전쟁, 그 여파는 곧바로 미국 휴스턴과 중국 청두 주재 상대국 영사관 폐쇄조치로까지 비화되었다. 심지어는 대선을 앞둔 트럼프가 홍콩을 비롯한 중국 소수민족의 인권문제까지 제기하고 나섰다.

지난 7월에는 1979년 중국과 수교하면서 단교했던 대만에 22억 달러가 넘는 고가의 첨단무기와 항공기 수출을 확대하고 8월에는 미국 고위급 인사인 보건복지부 장관을 파견하는가 하면 차이잉원 대만 총통은 미국과의 자유무역협정(FTA) 체결을 제의하면서 양국은 심도 있는 논의에 들어갔다. 이렇게 되면 미국이 대만의 실체를 인정하게 되는 것으로 하나의 중국을 지향하는 중국의 핵심이익까지 침해하는 것이 된다.

여기에 폼페이오 국무장관까지 중국을 세계 패권 장악에 나선 '전체주의 독재국가'라고 맹비난하며 가세하고 있다. 이처럼 외교적 상식을 넘어선 민감한 문제까지 건드리며 양국은 일촉즉발의 양상으로 부딪치고 있다.

중국도 적극 방어에 나서고 있다. 해역 90% 이상의 영유권을 주장하고 있는 남중국해에서 연일 사격훈련을 강행하는가 하면 급기야는 중거리 미사일 두 발을 발사하기도 했다. 미군 고고도 정찰기 U-2가 중국이 설정한 비행금지구역에 진입한 데 대한 대응조치로 보이지만 미국과 한판 승부를 벌일 만큼 자신감이 내재된 행보로 볼 수 있다.

중국은 이미 우주과학과 반도체, 군사 분야에서도 미국을 따라잡고 있다. 항모킬러인 둥펑-26(4,000km)을 실전배치해 미국의 서태평양 전진기지인 괌을 겨냥하고 있고, 둥펑-21D(1,800km)는 오키나와를 타켓으로 하고 있으며, 탄도미사일을 장착할 수 있는 핵잠수함 쥐랑-2A(11,000km)는 미국 본토를 사정권 안에 두고 미국을 압박하고 있다.

미국은 이를 방어하기 위해 남중국해에 이지스함을 띄우고 전략폭격기들을 동원하여 대규모 공중훈련에 돌입했고 미·일 해상연합훈련도 수차례 반복하고 있다. 이처럼 세계 양대 강국의 첨예한 세대결과 전략적 공방은 앞으로 더욱 심화될 것이다. 기존 동맹국들을 상대로 우호세력 결집에 나서며 주변국들에 대해서도 당근과 채찍을 들고 선택을 강요할 것이 분명하다.

그 징후는 벌써부터 나타나고 있다. 중국은 이미 동남아와 아프리카를 비롯한 중간 입장의 국가들을 자기편으로 끌어당기거나 최소한 중립 입장에 서도록 외교활동을 펴나가는 데 주력하고 있다. 코로나19 상황에서도 왕이 외교부장은 인도네시아, 파키스탄 외무장관과 전략대화를 가졌고, 이탈리아·네덜란드·노르웨이·프랑스·독일 등 유럽 5개국 순방에 나섰다.

얼마 전 중국의 외교담당 정치국원인 양제츠가 부산까지 와서 서훈 안보실장을 만난 것도 그런 맥락이다. 양제츠가 목적 없이 와서 덕담만 하고 갔을 리는 만무하다. 시진핑의 조기 한국 방문 합의라는 선물을 내밀며 미·중 신냉전 속에서 최소한 중립을 지키거나 어떤 형태로든 중국 편을 들어달라는 요청이 있었을 것으로 추측된다.

미국은 이미 인도-태평양전략과 관련해 한국의 협력 필요성을 역설한 바 있다. 지금은 선거중이라 잠잠하지만 대선이 끝나기 무섭게 한미동맹을 내세우며 크고 작은 선택의 압력을 가해 올 것은 충분히 예견할 수 있는 일이다.

그러나 강대국에게 한 번 휘둘리기 시작하면 끝까지 굴종에서 헤어 나오지 못하게 된다는 사실을 명심해야 한다. 이는 북한도 마찬가지다. 중국과 러시아 대신 남한과의 협력체계를 강화해야 한다. 한반도가 살 길은 오직 그 길뿐이다. 우리는 민족의 분열이 어떠한 결과를 가져왔는지 이미 일제 침략에서 뼈저리게 체험한 바 있다. 남북은 이제 일방적 선택을 강요받을 만큼 허약한 나라가 아니다.

따라서 국익에 우선하는 분명한 외교원칙이 요구된다. 한국 정부가 이미 천명한 바 있는 '신남방·신북방' 정책을 실천 가능한 정책이 될 수 있도록 체계화할 필요가 있다. 미·중이 우리에게 일방적 요구만 할 것이 아니라 한국이 처해 있는 현실을 감안할 것과 그들이 먼저 해 주어야 할 과제목록을 분명히 제시해야 한다.

그들의 압력은 최소화 하면서 우리가 선택할 수 있는 공간은 최대한 넓힐 수 있는 외교 전략을 수립해야 한다. 과거처럼 강대국에 대한 맹목적 사대(事大)에 기울어서는 안 된다. 안으론 국민의 단결된 힘과 지혜를 모아 자강(自强)에 나서고 밖으론 다자외교의 선린우호(善隣友好) 쪽으로 외교정책을 세워나가야 할 것이다.

독일통일 30년과 한반도 종전선언 논란

2020. 11. 02

한반도 종전선언에 대한 논란이 수그러들지 않고 있다. 국내는 물론 국외에서까지 제각각 이에 대한 백가쟁명(百家爭鳴)식 견해를 쏟아내고 있다. 심지어 제1야당의 대표는 종전선언은 반헌법적 행태이며 종전선언을 하게 되면 핵을 가진 북한에게 안보를 위협당해 나라가 망할 것이라는 극언까지 했다.

이와 반대로 여권 인사들은 종전선언이야말로 북미 적대관계를 청산해 북한의 비핵화와 한반도 평화체제를 추동하는 가장 좋은 출구가 될 것이라고 단언한다. 한동안 종전선언에 대한 카드를 만지작거리던 미국은 태도를 바꾸어 북한의 비핵화 없이는 한반도의 종전선언은 결코 있을 수 없다고 말한다.

그동안 종전선언에 대해 무관심하던 중국마저도 이 논쟁에 뛰어들었다. 한국전쟁 참전 70주년을 맞아 시진핑은 한국전쟁은 미국 침략에 맞선 항미원조(抗美援朝) 전쟁이었음을 누누이 강조하고 있다. 6.25는 북한의 남침으로 인한 전쟁인데 중국은 한국전쟁을 미·중간의 전쟁으로 규정지으며 정치적으로 이용하고 있는 것이다.

종전선언의 사전적 의미는 전쟁 당사국 간에 전쟁상태가 완전히 종료됐음을 국제적으로 알리는 행위를 말한다. 한반도에서의 종전선언이란 1953년 7월 27일 한국전쟁의 휴전과 함께 맺었던 기존의 정전협정을 폐기하고 평화협정으로 전환된다는 의미를 담고 있다. 한반도에서 포성이 멎은 지 70년이 되어가지만 한국전쟁은 아직 끝나지 않았다. 국제적으로 종전협정을 체결하기 전까지는 여전히 휴전상태가 지속되고 있는 것이다.

그동안 우리는 냉전시대를 거치면서 60년이 넘도록 종전선언에 대한 관심을 크게 기울이지 않았다. 노무현 정부 말에 남북 정상간 잠깐 논의된 적이 있었지만 정권교체로 사라졌고 종전선언이 본격적으로 제기된 것은 정전협정체결 65주년이던 2018년 4.27판문점 남북정상회담에서 비로소 정식 의제에 올랐다.

정전협정 당사자들인 미국과 중국도 이를 긍정적으로 받아들였고 이에 고무된 남북정상은 이를 실행하기 위한 구체적인 추진 절차와 방법까지 논의하기에 이르렀다. 그러나 북미정상회담이 교착상태에 빠지면서 무위로 끝나고 말았다.

한반도 종전선언은 조속히 실행되어야 한다. 난마처럼 얽혀 있는 한반도 문제해결의 시작이 여기에 달려 있기 때문이다. 미국도 중국도 도덕성에 기초한 국제적 리더십을 회복하려면 한반도 종전선언에 적극 나서야 한다. 북한 역시 마찬가지다. 자력갱생이나 무력강화로는 아무것도 얻을 것이 없다. 남한과 손잡고 만천하에 종전을 선언하고 평화협정으로 가는 길을 찾아야 한다. 이 모든 것이 결코 불가능하거나 비관적인 것이 아니다.

최근 미국에서는 6.25한국전쟁에 참전했던 용사들이 한반도 종전선언을 촉구하고 나섰다. 그들은 한국전쟁 참전용사들의 서명을 받아 유엔에 청원서를 내기로 했다. 이유는 간단하다. 고령인 그들이 죽기 전에 한반도에서 평화협정이 맺어지는 것을 보고 싶다는 것이다. 또한 미국 민주당 소속 차기 외교위원장 전원이 '한국전 종전선언결의안'에 서명했다. 또 민주당 하원의원 51명과 공화당의원까지도 한국전쟁 종식과 평화협정체결을 촉구하는 결의안에 서명했으며 서명자는 점차 늘어나는 추세에 있다.

독일은 통합된 지 30년이 되었다. 분단 40년 만에 동서독 통일을 이루어냈다. 우리는 분단 70년이 지났는데도 통일은 고사하고 정전협정의 틀조차 깨뜨리지 못하고 있다. 독일이라고 통합과정에 어려움이 없었겠는가. 철벽같은 난제들이 있었지만 그들은 이를 극복해냈다. 오랜 세월 동서독 정상이 만나 통일을 위한 발판을 마련하고 소련과 미국 · 영국 · 프랑스 등을 움직여 통일을 이루었다.

한반도 역시 이와 다르지 않다. 분단의 책임이 있는 미국이나 러시아, 중국과 일본이 나서서 한반도 평화체제를 위해 앞장서는 것이 지극히 정상적이지만 그들이 움직이지 않는다면 남북이 먼저 나서야 함은 너무나도 당연한 일이다.

더구나 지금은 미국과 중국이 맞서고 있는 신냉전이 진행중이다. 미국의 상대가 소련에서 중국으로 바뀌었을 뿐 한반도 분단체제는 견고하다. 북미정상회담으로 돌파구를 마련하려 했으나 실패했다. 종전선언을 북핵문제와 연결시키는 한 아무것도 진전시킬 수 없다는 사실만 확인했을 뿐이다. 남북이 여기에만 매달려 부화뇌동(附和雷同)한다면 한반도 평화와 통일은 부지하세월이 되고 말 것이다.

한반도 종전(終戰)의 주체는 어디까지나 남북(南北)이란 사실을 명심해야 한다. 따라서 남북이 먼저 나서야 한다. 남북이 먼저 한반도 평화와 통일에 대한 확고한 의지를 보여주어야 한다. 대륙을 바라보며 전전긍긍하거나 태평양 너머를 바라보며 저울질만 하는 것은 어리석은 일이다. 예나 지금이나 그들이 한반도 문제를 해결해 주기를 바라는 것은 연목구어(緣木求魚)나 다름이 없다.

강대국들은 한반도 평화와 통일의 후원자가 아니라 오직 한반도를 희생양 삼아 패권경쟁을 하고 있을 뿐이다. 그러기에 남북의 지도자와 국민들은 각성해야 한다. 남북이 먼저 주체가 되어 종전선언과 평화협정을 맺고 주변 당사국들을 설득해 나가는 것이 올바른 순서다.

남북이 서로 비난하고 싸울 것이 아니라 북한은 중국을 설득하고 남한은 미국을 움직여 협상테이블로 끌어내야 한다. 한반도 통일과 평화체제를 완성하는 길만이 이 시대를 사는 우리의 사명이고 역사에 부끄러움을 남기지 않는 길이다.

'팬데믹' 시대, 한반도의 정세 분석

2021. 01. 05

2020년은 '코로나 팬데믹'으로 인해 세계의 모든 외교정책이 중단상태나 다름이 없었다. 남북관계 또한 예외가 아니었다. 남북의 모든 현안들은 먹구름 속애 뒤덮여 한치 앞을 내다볼 수 없을 정도로 심각했다. 코로나의 광풍은 세계 모든 국경을 차단시켰고 한반도 역시 북한의 철저한 국경봉쇄로 인해 그에 따른 상호방문이나 물자의 반입 등 일체의 교류가 중단되었다. 국제사회가 그야말로 가장 혹독하고 비관적인 암흑기였다고 볼 수 있다.

그러나 이 같은 어려움 속에서도 문재인 정부가 남북관계복원에 대한 의지를 저버리지 않고 판문점과 비무장지대(DMZ)를 민간인들에게 개방하고 북한에 코로나 방역을 위한 물품지원을 제의하는 등 지속적 관심과 노력을 보인 것은 성사여부를 떠나 다행스런 일이다. 특히 그동안 북한주민의 인권에 별 효과도 없이 남북간 분란만 조성해 왔던 대북전단 살포를 금지하는 입법 등을 추진한 것은 긍정적으로 평가한다. 앞으로도 남북관계 개선을 위한 지속적인 노력은 계속돼야 할 것이다.

2021년 새해 남북관계에 대한 전망도 그리 밝은 편은 아니다. 새해 들어서도 코로나는 여전히 강세를 보이고 있고 국제정세도 대전환기를 맞고 있다. 따라서 금년 정부의 통일정책도 가장 큰 변수는 역시 코로나 퇴치 여부가 될 것이다.

이와 더불어 국제정세의 변화도 눈여겨볼 대목이다. 특히 미중, 북미, 한일 등 동북아의 기류변화가 큰 영향을 미칠 것으로 보인다. 그러나 어떠한 악조건 속에서도 남북관계의 복원을 위한 노력은 결코 멈추어서는 안 된다. 가장 급선무는 북한과의 대화통로를 여는 것이다. 당장 교류는 어렵더라도 남북 간 통로만은 열려 있어야 한다.

그러기 위해서는 남북의 공통 관심사를 끌어내는 것이 중요하다. 우선적으로 금강산관광과 개성공단 재개를 위한 노력을 경주하고 철도, 도로, 항만 등 공공인프라 건설사업과 북한주민의 생활수준을 제고하기 위한 남북협력의 증진과 식량, 의약품, 보건위생, 재해 등 인도적 지원사업에 대한 정책에 초점을 맞추어 추진해야 할 것으로 보인다. 또한 미국의 새 정부 출범을 계기로 유엔과 미국의 대북제재를 외교적으로 뛰어 넘을 수 있는 정책을 개발하는 것도 새로운 출발의 기폭제가 될 수 있다.

그렇지만 이 같은 정책을 개발하고 추진하는 데 한 가지 유념해야 할 것이 있다. 정부가 한반도 평화체제 완성을 위해 북한과의 관계개선이 시급하다고 할지라도 국민들의 정서를 고려하지 않는 일방적 정책추진은 무리가 따른다는 사실을 명심해야 한다. 아무리 급해도 바늘 허리매어 쓸 수는 없는 것처럼 국민들의 정서 파악에도 세심한 주의가 필요하다. 북한과의 관계개선이 좀 더디더라도 상식이하의 잘못된 행태는 반드시 지적해야 하고 개선토록 해야 한다. 국민들이 보기에 정부가 북한에게 일방적으로 끌려가는 인상을 주어서는 안 된다. 떳떳치 못한 미봉책으로는 국민들의 공감과 협력을 기대하기 힘들기 때문이다.

예컨대 남북공동연락사무소 폭파나 서해공무원 사살과 같은 용납할 수 없는 중요한 사안에 대해서는 북한의 사과가 선행되어야 한다. 그렇게 하는 것이 대다수 국민들의 요구에 부응하는 것이 되고 북한의 또 다른 재발을 막는 길이 될 것이며 결국은 남북의 돈독한 관계형성에도 도움이 될 것이다.

한반도 정세는 언제나 주변 강대국들의 영향을 받아 왔다. 작금의 남북관계는 미중의 동북아 정책에 따라 많은 변수가 작용할 수밖에 없는 구조다. 최대의 관심사는 역시 북미관계의 향방이다. 바이든 정부의 출범과 함께 또 다시 파란이 일어날 수도 있고 경우에 따라서는 전화위복이 될 수도 있다.

'김정은' 과 '바이든' 북한과 미국의 두 정상은 이미 숙고에 들어갔을 것이다. 그들의 대미, 대북, 정책결정 여하에 따라 올 한해 한반도 정세가 요동칠 확률이 높다. 북한이 미국 새 정부와의 대화의지를 적극적으로 표출하거나 미국 바이든 새 정부가 대북정책을 유화적으로 추진하게 된다면 남북관계도 급물살을 타게 되겠지만 반대로 북미가 군사적 돌출행동이나 적대적 정책으로 나올 경우 남북관계는 상당기간 어려움에 처할 것으로 예상된다. 특히 출범을 앞둔 미국 바이든 정부의 대북라인 인사와 정책발표를 주목할 필요가 있다. 가까이는 3월로 예정되어 있는 한미합동군사훈련 축소여부 등이 변수로 작용할 수 있다.

바이든 정부의 대북정책에 대한 구상은 아직 베일에 감추어져 있어 예단하기에 이르다. 어쩌면 과거 미국 대통령들처럼 트럼프가 지향했던 모든 방식을 전면적으로 수정할지도 모른다. 탄핵까지 거론된 트럼프의 대북정책 기조를 그대로 승계하는 것이 부담이 될 수 있기 때문이다.

하지만 바이든 정부도 한반도 문제를 해결하는 데 있어 평화적 방법 외에는 대안이 없다. 거칠기는 했지만 대화를 택했던 트럼프 방식은 옳았다. 한반도 문제는 어떠한 경우에도 대화와 타협 외에 더 나은 정책은 있을 수 없기 때문이다. 바이든 정부도 이를 승계하는 것이 바람직하다. 다만 트럼프의 하노이 패착을 반면교사로 삼아야 한다.

북한의 비핵화를 압박일변도나 힘으로 해결하려 해서는 승산이 없다. 내줄 것은 과감하게 내어줌으로써 미국이 선도적 역할을 해야 한다. 종전선언이나 북미수교 등 통 큰 리더십의 발휘만이 북한의 비핵화와 한반도 평화체제를 완성시킬 수 있다. 그것이 강대국인 미국의 책무이기도 하다. 바이든 정부가 마지막 남은 지구촌 냉전을 종식시키기를 기대한다.

전환(轉換)시대, 한반도의 대응전략

2021. 02. 22

　세계가 대전환시대에 접어들었다. 국제사회의 정치지형은 말할 것도 없고 기술적, 문명적 전환이 급속도로 이루어지고 있다. 급격한 기후변화로 인한 자연재해는 걷잡을 수 없이 증가하고 심지어 신종바이러스까지 변종과 변이를 거듭하며 인류사회를 혼란에 빠뜨리고 있다. 이 같은 현상은 기존 질서를 와해시키면서 새로운 질서의 태동을 예고하고 있다. 이에 따른 각국의 대응 또한 급박해지고 예민해질 수밖에 없다. 한반도 역시 예외가 아니다. 우선 정치외교 분야만 하더라도 남북관계는 물론이고 한미, 한중, 한일관계에 있어서도 고도의 대응전략이 필요한 시점이다.

　정부도 외교 수장을 교체하는 등 대응에 나서며 고심하고 있지만 주변 여건은 그리 녹록치가 않다. 가장 시급한 것은 문재인 정부가 그동안 업적으로 내세웠던 한반도 평화프로세스의 재가동 문제일 것이다. 이는 미국 새 정부와의 협력체계를 재구축함과 동시에 단절 상태가 길어지고 있는 남북관계의 복원이라는 지난한 과제를 안고 있다.

안보의 딜레마를 극복하기 위해 한미동맹을 굳건히 다지면서도 북한을 대화테이블로 나오도록 설득해야 하는 이중적 모순성을 내포하고 있기 때문이다. 이는 또 미중, 한중, 북미 등의 이해관계가 서로 첨예하게 맞물려 있기 때문에 결코 쉬운 문제가 아니다.

　북한은 이미 제 갈 길을 가고 있다. 미국에게는 적대시 정책 철회를 요구하며 '강대강, 선대선'의 원칙을 제시한 바 있고 남측에 대해서도 '합의 이행만큼 상대하겠다'며 태도변화를 요구하고 있다. 하노이 회담 결렬 이후 미국에게 그 책임을 넘기고 문재인 정부에게는 중재능력과 남북협력 의지에 대한 불신으로 대화제의에 일체 응하지 않고 있다. 오로지 내적 문제에만 몰두하며 자력갱생의 새판을 짜고 있는 중이다. 가장 눈에 띄는 것은 노동당규약을 개정해 국방력 강화에 주력하고 있는 점이다. 핵무기의 개량과 개발을 공식선언하고 열병식 등을 통해 새로운 무기를 계속 선보이고 있다. 또 김정은 '국무위원장'을 '노동당 총비서'로 추대하고 지도급 인사를 대폭 교체하면서 국정 전반에 걸쳐 대전환을 모색하고 있다.

　미국의 중국에 대한 강경입장 또한 한국 정부에게는 부담으로 작용할 수밖에 없다. 최악의 경우 미국이 대중국 견제를 위한 경쟁에서 한국의 선택을 요구할 수도 있다. 미국이 동맹을 내세워 한국에게 대중압박전략인 인도·태평양구상에 참여를 강요하거나 주한미군철수 카드를 내밀며 동참을 압박하게 되면 한국으로서는 난처한 입장에 처할 수밖에 없다. 중국은 오랜 역사를 함께해 온 인접국이고 우리나라 대외무역의 26%를 차지하고 있으며 북한 핵문제 해결을 포함한 한반도 평화프로세스 과정에서도 협력이 불가피한 상대이기 때문이다.

　미국의 한일문제에 대한 개입도 우려된다. 일본과 첨예하게 대립하고 있는 과거사 문제. 무역 갈등 문제들에 대해 미국이 공정치 못한 관여를 하거나 삐걱거리고 있는 한·미·일 동맹을 복원하기 위해 우리 정부나 국민들의 정서를 무시한 채 무리수를 두는 것도 배제할 수 없기에 그렇다. 일본은 우리 정부의 양보에도 불구하고 수출규제조치를 풀지 않고 있을 뿐만 아니라 대법원의 강제동원피해자 배상판결과 서울지방법원의 위안부 배상판결로 인해 감정의 골이 점점 깊어지고 있다. 정부는 금년 국방백서에 일본을 '동반자' 대신 '이웃국가' 로 표기할 정도로 한일관계는 최악의 상태로 치닫고 있다.

그러나 위기 속에서도 해결책은 있는 법이다. 전환시대에는 모든 것이 새롭게 시작된다는 장점이 있다. 급변하는 이 시대적 배경을 어떻게 활용하느냐에 따라 결과는 확연히 달라질 수 있기 때문이다. 미국은 바이든 시대를 맞아 가히 혁명적 변화를 꿈꾸고 있다. 바이든은 취임사에서 동맹을 복원하고 다시 세계문제에 관여할 것이라고 했다. 미국 우선주의를 탈피하고 신뢰를 앞세운 모범적 동반자 역할을 강조하기도 했다. 그는 실제로 취임 첫날 파리기후변화협약에 재가입하고 세계보건기구(WHO)에 복귀했다. 무슬림과 멕시코와의 국경장벽철폐도 선언했다. 한반도 문제 역시 지한파들을 내세워 새판을 짜려 하고 있다.

이런 때일수록 정부가 적극적인 외교력을 발휘한다면 호기를 맞이할 수도 있다. 복잡하게 얽혀있는 국제외교에서 가장 중요한 것은 전략적 모호성에서 탈피하는 것이다. 국제규범의 틀 안에서 투명한 외교노선과 원칙을 천명하고 신뢰를 바탕으로 접근해야 실마리가 풀릴 수 있다. 특히 한미 현안인 방위비분담금(SMA) 문제, 전시작전권 전환에 관한 문제, 한미합동군사훈련 축소문제는 물론이고 남북문제, 미중문제, 한일문제 등에서도 우리가 원하는 바를 분명히 밝혀야 한다. 우리에게 가장 큰 적은 강대국의 위협이나 첨단무기가 아니다. 시작도 하기 전에 어려울 것이라고 미리 포기하는 것이고 소모적 정쟁으로 국론을 분열시키는 것이다. 통합을 저해하고 국익을 훼손시키는 행위야말로 우리가 가장 경계해야 할 일이다.

외교전략 정교하고 치밀해져야 한다

2021. 06. 07

백신접종으로 공포의 코로나가 진정세를 보이자 세계 각국의 외교행보가 활발해지고 있다. 가장 먼저 시진핑 중국 국가주석과 러시아 푸틴 대통령이 화상만남을 가졌고 미국과 러시아가 정상회담을 위해 두 나라의 안보수장이 제네바에서 만났다. 미국이 중국과 러시아의 밀착에 대한 대응에 나선 것이다. 그러자 중국의 양제츠는 러시아로 날아가 중·러 전략안보협상에 참석했다.

미군의 아프가니스탄 철수 등에 대한 대책을 논의한다 했지만 속내는 미국을 경계한 것이다. 우리 정부도 워싱턴에서 한·미 정상회담을 했다. 또 서울에서 2021년 '제2차 P4G 정상회의'가 있었고 6월 10일에는 영국에서 세계 주요 7개국 정상회의인 'G7회의'가 열린다. 이 회의에 한국도 초청되어 한·미, 한·미·일 정상회담도 예상되고 있다. 이처럼 각국 정상들은 자국의 안보와 국익을 위해 기민하고 치열한 외교전이 한창이다.

지금 이 시간 세계 곳곳에서는 기후변화로 인한 재난이 빈번하고 분쟁지역에서는 포성과 살육이 자행되고 있다. 미얀마와 우크라이나, 중동의 화약고는 용광로처럼 뜨겁다. 그러나 강대국들의 약소국에 대한 이율배반적 태도는 냉엄한 현실을 고스란히 반영하고 있다. 입으로는 세계평화를 외치지만 실제로는 자국의 이해타산에 더 매몰되어 있다. 이스라엘과 팔레스타인의 사생결단식 미사일 포격으로 가자지구의 민간인과 어린이가 무수히 희생될 때도 미국은 중재보다는 이스라엘 편을 들었다. 유엔 안전보장이사회 결의를 반대함으로써 죄 없는 수많은 사람의 살상을 방기한 것이다. 중국은 어떤가. 미얀마 사태에 대해 지구촌 모두가 미얀마 군부의 만행을 규탄하는 중에도 중국은 핵심 이익의 요충지인 미얀마를 붙잡고 놓지 않으려고 군부 쿠데타를 용인하는 입장을 취하고 있다.

이처럼 미·중 두 나라 역시 강대국의 책임이나 품격과는 거리가 멀다. 오직 적자생존의 논리만 부각시키며 편 가르기에 나서고 있다. 세계평화나 인류의 보편적 가치보다 오로지 자국중심의 우월주의에 빠져 있다. 미래를 내다보는 인류의 공통관심사나 당장 시급하고 절실한 현안마저도 외면하고 상생의 협력보다는 약소국 줄 세우기에 고심한다.

과거 미·소 냉전시대를 연상케 한다. 이처럼 힘의 논리가 지배하고 언제 돌변할지 모르는 국제사회에서 우리 한반도라고 예외가 될 수 없다. 지정학적으로 강대국들에게 둘러싸인 우리가 명심해야 할 것은 오로지 내실 있는 외교역량강화에 힘쓰는 것이다. 특히 세계 패권을 노리며 맞서고 있는 미·중의 움직임을 면밀히 살펴야 한다. 그만큼 그들 두 나라가 한반도에 미치는 파급력은 절대적이기 때문이다.

지난 달 바이든 정부 들어 처음으로 한·미 정상회담이 열렸다. 한국이 백신수급이나 미사일 주권을 되찾는 등 예상했던 것보다 큰 외교적 성과를 거둔 것은 사실이다. 반면에 중요한 외교적 허점도 드러냈다. 미국의 대중견제전략의 핵심인 '쿼드'와 '대만문제'를 공동성명문에서 거론한 것이다. 특히 대만문제는 중국이 극도로 민감해 하는 문제로서 향후 한 · 중 관계의 후폭풍이 예상된다.

중국은 이에 상응하는 대가를 취할 것을 분명히 했다. 정부는 이에 대한 대응과 보복에 대비해야 한다. 이 문제가 지금 당장은 아니라 해도 앞으로의 한 · 중 간 외교에 있어 족쇄로 작용할 공산이 크기 때문이다. 정상회담 공동성명에서 대만을 언급한 것은 분명 외교의 허점을 보인 것이다. 지난 '사드' 때의 경제보복처럼 미래에 닥쳐 올 파급효과를 간과한 것이다.

한미정상회담이 끝나기가 무섭게 중국 왕이 외교부장이 북한 이용남 대사를 국빈관으로 초청해 만나고 중국 고위층이 러시아로 달려간 것도 이 때문이다. 유럽에서 미국과 러시아가 밀착되고 동북아에서 한미동맹이 강화되는 등 한반도의 시계추가 급격히 미국으로 쏠리고 있는 것을 의식한 중국의 견제 행보로 보아야 한다. 외교부는 해명했으니 별일 없을 것이라 한다. 외교에 있어서 안일함은 금물이다. 어떠한 경우라도 협상력의 허점을 보이거나 치밀함을 놓쳐서는 안 된다. 때로는 작은 사안 하나가 예측불허의 메가톤급 파장을 몰고 온다는 사실을 우리는 이미 경험으로 알고 있다.

지금은 혼돈의 시대다. 우리의 지상과제인 한반도의 평화통일을 이루고 민족 번영의 기틀을 다지기 위해서는 외교전략 전반에 대한 재점검이 필요하다. 한쪽으로 치우치지 않는 더 정교하고 치밀한 외교 전략을 구사해야 할 때다. 그 첫째가 상황에 따라 대처하는 기술이나 기교보다 외교정책의 원칙과 중심잡기가 선행되어야 한다.

둘째, 어떠한 경우라도 적을 만들어서는 안 된다. 일시적 이익을 취하기 위한 방편으로 특정 국가를 자극하는 대립외교는 결국 강대국의 갈등에 휘말리게 되는 백해무익한 일이다. 앞으로 설사 미 · 중의 압박이 거셀지라도 일관된 원칙을 지키는 것이 중요하다. 다극체제를 염두에 둔 21세기형 동반자적 외교정책을 수립해 나가야 할 것이다.

통일부 위상과 역할 실질적으로 강화되어야

2021. 07. 26

　20대 대선을 앞두고 뜬금없이 '통일부' 폐지론이 등장했다. 보수야당인 '국민의 힘' 이준석 대표가 '작은 정부론'을 거론하면서 나온 말이다. 최근 '여성가족부 폐지'를 주장해 파란을 일으킨 바 있는 그가 이번에는 통일부 폐지를 주장하고 나섰다. 통일부는 외교부가 담당해도 될 만큼 비효율적인 정부의 방만한 조직으로 혈세만 낭비하고 그에 비해 성과도 없다고 했다. 그는 또 통일부는 정부 부처 중 가장 힘없고 약한 부처이며 통일부를 둔다고 통일에 특별히 다가가지도 않는다고도 했다.

　이 대표의 통일부 폐지발언이 나오자마자 각계각층의 반발이 쏟아졌다. 여당과 사회단체는 물론이고 심지어 같은 당 중진의원까지 나서 일갈(一喝)했다. "국정은 수학이 아니다." "우리가 잘하면 되지 쓸데없이 반통일 오명을 뒤집어 쓸 필요 없다." "통일부는 존치되어야 한다"는 강한 반박이 있었다.

　통일부 폐지안이 나온 것은 이번이 처음은 아니다. 노무현 정부의 10.4선언 직후인 2008년 정권이 교체된 '이명박 정부' 초기에도 통일부 폐지론이 나왔다가 거센 반발로 소란만 피우고 무산된 적이 있었다.

통일부는 박정희 정부 시절인 1969년 3월에 신설한 부처다. 4.19혁명 이후 분출된 통일 논의를 정부가 제도권 안으로 수렴하기 위해 만들어졌다. 분단극복과 통일을 위한 남북대화와 교류협력에 관한 정책수립, 북한의 동향과 정세분석, 대국민 통일교육을 관장하기 위해 '국토통일원'이란 이름으로 출발하였다.

52년의 역사를 지니고 있으며 한때는 행정부 의전 서열에서도 상위를 차지하는 주요부처였고 장관도 대부분 대통령의 신임이 두터운 인사들로 기용되었다. 그만큼 분단극복과 조국통일이 시대적 과제임을 반증하고 있는 것이다. 국민의 힘 전신인 '새 누리당' 박근혜 정부 때는 '통일은 대박'이라며 유난히 통일을 앞세우기도 했다.

그렇다. 통일부는 그 존재만으로도 우리 민족의 미래 나아갈 방향을 제시하는 상징성을 내포하고 있다. 그래서 우리나라 헌법전문에도 이 같은 방침을 뚜렷이 명시해 놓고 있다. 통일부 존폐는 논쟁의 대상이 될 수 없을 만큼 상위개념에 속한다는 말이다. 통일이 이룩되기도 전에 함부로 통일부 무용론이나 폐지를 입에 올리는 것은 매우 부적절하다. 굳이 다른 나라의 예를 들거나 역사를 들추지 않더라도 정략적 발상이거나 설익은 단견일 수밖에 없다.

나무만 보고 숲을 보지 못하는 편협한 시각이고 미래지향적 사고에서도 크게 역행하는 것이다. 그 같은 인식을 가졌다면 누구라도 비판받아 마땅하다. 이번 통일부 폐지 논란 역시 성급한 즉흥적 성과주의 발언으로 치부되며 해프닝으로 끝나고 말았다. 하지만 한 가지 성과라면 국민들로부터 멀어져 가고 있는 통일문제에 대한 경각심과 함께 통일부의 위상과 역할에 대한 과제를 상기시켜 주었다는 점이다.

그동안 통일부는 이 같은 중요성에도 불구하고 그 존재감과 역할이 국민들 눈높이를 따라가지 못했던 게 사실이다. 남북문제에 대한 정책과 협상을 주관하는 곳이 통일부인지 국정원인지 외교부인지 청와대인지 불투명해 헷갈리는 일이 많았다. 물론 남북문제의 특수성, 국제외교의 전략적 측면, 협상국 파트너에 따른 불가피성이 작용했을 수는 있다. 그렇다 해도 통일부의 존재가 국민들에게 강한 인상을 심어주지 못한 것만은 사실이다. 이름에 부합하는 큰 그림을 그리지도 못했고 국민들을 선도하는 적극성도 부족했다. 남북 주요 회담에서 전면으로 나서기보다 뒷전으로 밀려나 있을 때가 더 많았다. 더구나 요 근래 남북관계가 소강상태인 데다 북핵문제 해결을 위한 북미대화마저 교착상태가 지속되다 보니 통일부의 존재감 역시 희미해진 것도 이번 존폐논란을 불러온 원인일 수 있다.

앞으로 통일부가 이처럼 어처구니없는 논란에 휩싸이지 않으려면 통일부 본연의 책무와 역할을 명실공이 제대로 수행할 수 있도록 해야 한다. 통일부 스스로 환골탈태(換骨奪胎)의 변화가 있어야 함은 물론이고 정부 또한 통일부의 위상을 획기적으로 강화해야 한다. 통일부의 실질적인 권한을 총리급으로 대폭 확대하고 지금까지 주로 국정원을 중심으로 물밑에서 이루어졌던 대북 접촉과 협상과정을 투명하게 밖으로 끌어내 통일부가 모든 창구가 되어 담당할 수 있도록 일원화해야 할 것이다.

그 외 각 부처는 본연의 임무에 충실하면서 대북문제와 통일문제에 관련해서는 통일부와 긴밀하게 협의해 나가게 하면 될 일이다. 그것이 대외 협상력 제고와 함께 통일부에 대한 국민들의 신뢰와 공감을 이끌어 내는 계기가 될 것이고 협상을 기획하고 추진한 담당자에 대한 책임소재가 분명해질 것이며 협상결과에 대한 공증으로 인해 생명력이 유지되는 일석삼조(一石三鳥)의 효과를 얻게 될 것이다.

동맹은 필요조건, 충분조건 아니다

2021. 08. 27

　미국이 성급한 철군으로 탈레반의 아프간 점령을 방조했다 해서 바이든 대통령에 대한 비판이 거세다. 미 주력공군이 아프간을 떠난 16일 이후 카불공항은 아비규환에 휩싸였고 이를 목도한 세계인들의 탄식과 비난이 이어지고 있다. 세계 언론은 미국 정부를 향해 패권국 미국이 마치 도주하듯이 서둘러 철군함으로써 무장 세력에게 아프간을 통째로 헌납했다고 말하고 있다. 그 동안 세계경찰이라고 자부하던 미국으로서는 치욕을 감수해야 했고 우방국들의 신뢰에도 금이 가고 말았다. 더구나 "미국의 국익이 아닌 곳에 무기한 머물러 싸우는 과거의 실수를 되풀이 하지 않겠다"는 바이든의 기자회견을 접한 이해 당사국들은 아연실색했으며 '국익우선' 이라는 냉엄한 현실에 우려와 회의를 품고 동요하기 시작했다. 바이든이 불과 몇 개월 전 대통령 취임사에서 "미국이 다시 돌아왔다"고 호언장담했던 자신의 말을 너무 쉽게 너무 빠르게 뒤집어버렸기 때문이다.

　그러나 이는 예견된 일이다. '아프간' 만 그런 것이 아니질 않는가. 46년 전 베트남에서도 그랬고, 7년 전 '우크라이나 크림반도'를 러시아가 집어삼킬 때도 그랬고, 최근 '미얀마'에서 군부의 처참한 살육이 자행될 때도 그랬다. 미국, 러시아, 중국 등 강대국들이 보여준 일련의 자국중심주의 행태는 차이가 없다. 그것은 비단 군사문제에만 국한된 것도 아니다.

경제문제는 말할 것도 없고 최근에 행해지고 있는 백신 패권도 마찬가지다. 지구촌에는 1차 접종도 못한 나라가 수두룩한데 자국 국민들에게는 3차 접종을 권하면서 동맹국들에게 백신을 외교무기로 활용하자는 말까지 흘러나오고 있는 실정이다.

이번 사태로 동맹국들이 술렁거리자 미국은 한국을 포함해 대만까지 적시해가며 미국의 동맹국들에 대한 신뢰는 굳건하다. 카불 함락은 항전을 포기한 아프간 국민들 탓이지 미국의 잘못이 아니라고 강변하고 나섰다. 하지만 미군 철수 후 연일 계속되는 카불공항의 생지옥과 미국이 이를 수습하는 혼란과정을 지켜보면서 그 또한 공허한 외침으로 들린다.

국제사회 역시 마찬가지다. 유엔은 이미 미군의 아프간 철수 후 탈레반의 카불 점령을 예측하고 있었지만 실질대응에는 손도 써보지 못하는 무기력한 모습을 보였다. 문제는 안전보장이사회의 합의가 어렵기 때문이다. 또 카불공항에 대한 무장 세력의 테러위험에 대비하고자 긴급 소집된 주요7개국(G7) 회의에서도 미군의 마지막 철군시기를 놓고 미국과 서방국가들은 갑론을박만 주고받았을 뿐 합의도출은 이루어지지 않았다.

더구나 25일에는 미국이 아프간 문제로 고군분투하고 있는 와중에 중국, 러시아, 이란 3국은 페르시아만 일대에서 연합해군훈련을 실시할 것이라고 발표했다. 명분은 국제 항로 안전(원유운송)을 확보하고 해적을 소탕한다고 되어 있지만 여기에는 미국과 중국의 힘겨루기가 작용하고 있음을 알 수 있다. 이처럼 국제사회는 자국의 이익 앞에선 다른 나라가 어찌되든 알 바 없다는 냉혹함과 비정함을 여실히 보여주고 있는 것이다.

26일 신생아와 어린이 100여 명을 포함한 아프간 국민 378명이 한국에 왔다. 자국의 위험을 피해 천신만고 끝에 고국을 떠나 이국땅으로 오게 된 것이다. 원인은 국가시스템이 붕괴되었기 때문이다. 과거 탈레반 집권 때도 아프간 국민 수십만이 난민이 되어 여러 나라로 뿔뿔이 흩어졌다. 1975년 사이공 함락 때 베트남 난민인 '보트피플'도 그랬고 세계에서 가장 많은 난민을 배출하고 있는 '베네수엘라'나 '시리아' 역시 마찬가지다.

지도자가 타락했건 군이 부패했건 결국은 국민 전체의 공동책임이다. 대한민국도 이 같은 상황을 직시해야 한다. 한반도와 아프간은 그 성격이 다르다고 하지만 언제까지나 동맹국 미국이나 유엔의 힘에만 기대어 안주할 수는 없다. 동맹은 필요조건이지 결코 충분조건이 될 수는 없기 때문이다. 자강의 힘을 축적해 생존의 길을 찾아야 한다. 그렇지 못하면 위태로운 주변정세에 휩쓸려 우리에게도 끔찍한 시나리오가 재현될 수 있는 것이다.

이번 아프간 사태는 우리에게 시급한 안전장치가 필요하다는 교훈을 던져주었다. 언제까지나 불안을 감수하면서 미국과 중국의 눈치를 살피고 일본과 북한의 농간에 일희일비(一喜一悲)하며 지낼 수 없다는 사실을 확실하게 일깨워 주었다. 그러면 어찌해야 하는가. 정답은 이미 오래 전에 나와 있다. 바로 통일이다. 우리도 독일처럼 통일을 앞당겨 강대국으로 부상하는 것이다. 다른 하나는 핵이다. 주변의 다른 나라들처럼 한국도 핵무기를 개발하는 것이다. 물론 통일도 핵도 쉽지 않은 일임은 익히 알고 있다.

하지만 통일이나 핵보유가 결코 불가능한 일이 아니라는 사실도 우리는 알고 있다. 다른 나라들도 다 해내지 않았는가. 세계에서 가장 우수한 두뇌를 지니고 있는 우리 민족의 지혜라면 둘 다 충분히 가능한 일이다. 다만 통일로 가는 길은 미래를 향해 빛을 찾아가는 길이지만 핵보유국으로 가는 길은 어둠의 터널로 들어가는 것이 다를 뿐이다.

한반도 종전선언 빠를수록 좋다

2021. 09. 30

문재인 대통령이 뉴욕에서 열린 제76차 유엔총회연설에서 또 다시 종전선언을 제안했다. "종전선언이야말로 한반도에서 화해와 협력의 새 질서를 만드는 중요한 출발점이 될 것"이라고 강조하고 선언 주체를 남·북·미 외에 중국을 포함한 4국 참여까지 확대 거론했다.

차기대선이 5개월밖에 남지 않은 임기 말 대통령으로서는 매우 이례적인 일이다. 더구나 북한이 탄도미사일을 쏘아대며 대미압박 수위를 높이고 있는 시점임을 감안하면 문 대통령의 종전선언 제안은 어찌 보면 파격적 발상이라 할 수 있다.

또 한 편으로는 대화통로를 열기 위한 마지막 고육책으로 볼 수도 있다. '한반도 비핵화와 평화 프로세스' 외교의 불을 지피며 승부수를 띄운 것으로 보인다. 정의용 외교부 장관은 한 발 더 나아가 "한미는 북한을 고립상태에서 벗어나 국제화단계로 이끌기 위한 노력을 계속해야 한다. 북한의 보상 제안에 소심할 필요가 없다"며 미국에 대해 선제적 제재완화를 촉구하기도 했다.

북한도 냉온탕을 오가기는 했지만 이에 적극 호응하는 분위기다. 김여정 노동당 부부장은 종전선언이 흥미 있는 제안이고 좋은 발상이다. 종전이 때를 잃지 않고 선언된다면 의의 있는 일이며 남북공동연락사무소 재설치, 남북정상회담도 이른 시일 내에 해결될 수 있을 것이다. "남북이 트집 잡고 설전하며 시간 낭비할 필요가 없다"며 대화의지를 밝혔고, 김정은 위원장까지 나서 10월에는 우선 통신선부터 연결하자고 하는 등 종전선언을 고리로 한 대화복원에 긍정적으로 화답했다.

한국 통일부 역시 김 부부장의 담화를 의미 있게 평가한다며 당국 간 대화를 열자고 제의한 상태다. 하지만 종전선언이 실행에 이르기까지는 시간이 필요해 보인다. 정작 종전선언의 열쇠를 쥐고 있는 미국은 바이든 정부 들어서도 이에 대한 명확한 입장표명이 없고 북을 향해 조건 없이 나오라며 대화를 위한 유인책은 없다고 못 박고 있다. 북한 역시 '선 적대시 정책 철회'를 고집하며 대미압박수위를 높이고 있기 때문이다.

대한민국 대통령이 유엔에서 종전선언을 제안한 것은 성사여부를 떠나 환영할 일이다. 종전선언이 됐건 남북과 북미대화를 동시에 실현시키기 위한 '투트랙' 정책이 됐건 '한반도 평화프로세스'를 실현시키려는 각고의 노력은 분단국의 수장으로서 너무나도 당연한 일이기 때문이다.

지금 당장 주변여건이나 환경이 어렵다 하여 백년 휴전으로 가는 것을 마냥 지켜볼 수만은 없는 일이기 때문이다. 정부는 북한을 테이블에 불러내기 위한 방책으로 중국까지 끌어들이고 미국에게는 북한의 비핵화 방안으로 합의 위반시 제재를 복원하는 스냅백(snap-back)을 활용한 보상을 제시하는 등 북미 설득에 동분서주하고 있다. 하지만 종전선언의 핵심인 북미를 동시에 움직일 결정적 카드가 없는 것이 아쉽다.

그렇다면 먼저 북한과의 관계개선부터 해야 한다. 북한이 남측과도 상호

존중의 자세가 유지될 때만 소통이 가능하다는 조건을 달고는 있지만 이미 대화와 소통의 의지를 밝힌 만큼 실기하지 말고 북한을 설득해 마주 앉아야 한다.

종전선언 논의는 그동안 몇 차례 있어 왔다. 2007년 참여정부 시절에도 노무현 대통령과 김정일 국방위원장이 10.4정상회담을 통해 종전선언을 위한 협력을 논의하였으나 곧바로 남한의 정권이 바뀌면서 흐지부지되고 말았다. 2018년 4.27판문점 선언에서는 종전선언이 남북의 주요합의사항으로 떠올랐다.

이어 미국 트럼프 정부는 한 걸음 더 나아가 종전선언이 북한비핵화 협상의 핵심의제로까지 부각되어 검토되기도 했지만 북한은 체제보장, 미국은 선 핵사찰을 고집하다 결국 무산되고 말았다. 지금도 마찬가지다. 북미가 겉으로는 호응하는 것처럼 보이지만 북한의 무력도발과 일방적 태도, 미국의 대화의 문은 열려있다며 아무 조치도 취하지 않는 미온적 태도로는 문제해결에 전혀 도움이 되지 않는다.

북미가 한반도 현실을 개선하겠다는 적극적 의지가 없는 한 종전선언이나 북한의 비핵화, 한반도 평화체제정착은 기약 없는 평행선만 달리게 될 것이다.

한반도 종전선언은 반드시 성사되어야 한다. 지금 한반도 정세를 보면 겉으로는 평온을 유지하고 있는 것처럼 보이지만 속내는 매우 불안정하다. 남북이 다투어 전력증강과 군비경쟁에 돌입해 있는 실정이다. 미중의 냉전시대로의 회귀 못지않게 남북의 시계도 거꾸로 돌아가고 있다. 이는 남북 모두 매우 위험한 결과를 초래해 우리 민족에게 크나 큰 불행으로 다가올 것이다.

불과 3년 전 4.27판문점 선언이나 9.19평양군사합의는 퇴색한 휴지조각이 되어가고 있다. 그래서 지금 남북대화가 필요하고 우리의 의지가 요구되고 종전선언이 중요하다는 것이다.

　종전선언이 비록 정치적 상징성에 불과한 것이지만 우리 민족에게 미치는 파급력은 엄청나다. 한반도 통일과 평화를 여는 시발점이 되기에 그렇다. 종전선언 후에도 한반도평화프로세스는 장기적이고 복합적인 과정을 거쳐야 한다. 역사상 대부분의 평화협정이 오랜 시간과 어려운 과정 속에서 체결되었다. 그러기에 종전선언은 하루라도 **빠를수록 좋다**.

기후 위기 대응, 절박한 생존 과제다

2021. 11. 15

　기후 위기라는 화두가 최대의 관심사로 부각되고 있다. 인류의 절박한 생존 과제가 목전에 놓여 있기 때문이다. 더 이상 망설이거나 논쟁할 시간이 없을 정도로 시급한 상태다. 급속한 기후변화는 머지않아 경제는 물론이고 환경과 생태 위기를 초래할 것이며 인류를 도태시키게 될지도 모른다. '코로나19 팬데믹'으로 세계 곳곳에서 처절한 사투를 벌이고 있고 동·서양은 물론이고 아프리카 호주 뉴질랜드에 이르기까지 지구 전체가 과거와는 확연히 다른 대형 재난에 시달리고 있다.

　거듭되는 홍수와 물 폭탄, 극심한 가뭄과 최악의 산불, 지진과 쓰나미가 일상화 된 건 물론이고 사시사철 미세먼지로 인해 지구는 신음하고 있고 인류의 생활은 피폐해지고 있다.

　지구온난화의 여파로 그린란드 등에서는 빙하의 녹는 속도가 두드러져 초대형 얼음덩어리가 사라지고 있고 이에 따른 해수면의 상승으로 대도시들은 물에 잠길 처지에 놓여 있다. 우리는 지금 '초불확실성의 시대'에 살고 있으며 이를 극복하기 위한 대전환의 과제를 떠안고 있는 것이다.

기후변화의 문제는 갑작스러운 것이 아니다. 그 징후는 이미 오래 전에 시작되어 경종을 울리고 있었다. 다만 인류가 안일한 생각으로 일관했기에 나타난 재앙이다.

특히 산업혁명 이후 지난 세기까지 탐욕에 눈이 먼 선진국들은 환경전문가들의 주장을 외면하고 개발에만 몰두하고 있었다. 자국의 부(富)를 축적하는 데에만 급급해 벌목으로 인한 산림훼손과 환경파괴를 일삼았고 탄소와 온실가스를 무분별하게 쏟아냈다.

최근 들어서도 빈번히 발생하고 있는 이상기온과 희귀질병 등 과학적 증거들이 기후 위기가 임계점에 도달해 시급히 탄소배출량을 줄여야 한다는 경고가 이어지고 있다. 그런데도 미·중을 비롯한 선진국들은 이마저도 받아들이는 데 인색했다.

미국의 트럼프는 대통령에 취임하자마자 '기후변화는 사기'라며 파리협약을 탈퇴함으로써 중요한 시기에 '전 세계 기후위기 대응'을 어렵게 만들었으며 온실가스 배출량 1위와 4위인 중국의 시진핑과 러시아의 푸틴은 '제26차 유엔기후변화협약 당사국총회(COP26)'인 정상회의에 참석조차 하지 않았다.

이처럼 강대국들의 무관심과 비협조, 심지어 기후변화를 패권경쟁의 지렛대로 이용하려는 시도마저 포착되고 있어 매우 암울하고 우려스러운 실정이다. 또 이 같은 강대국들의 횡포에 대해 개발도상국들의 반발도 거세지고 있다. 선진국들이 200년 가까이 싼 에너지로 탄소를 내뿜어 기후 위기를 촉발해 놓고 이제 와서 자기들의 책임인 기후변화를 왜 우리에게 떠넘기려 하느냐며 우리의 성장사다리를 걷어차지 말라고 주장하고 있다.

기후 위기가 목전(目前)에 이르렀는데도 합심하여 대응책을 모색하기보다는 국가간 이해관계가 얽혀 갈등의 골만 깊어지고 있는 양상이다. 이 같은 갈등에 대해 "우리는 지금 스스로 무덤을 파고 있다"는 유엔 사무총장의 말을 세계의 지도자들은 새겨들어야 할 때다. 기후 위기 대응은 이제 더이상 1초도 미룰 수 없다. 지금 바로 행동으로 이어져야 한다. 마지막 골든타임을 놓친다면 다음 기회는 영영 없을지도 모르기 때문이다.

기후 위기 대응의 가장 큰 걸림돌은 미·중의 패권다툼이다. 신냉전 양상으로까지 번지고 있는 미·중 갈등은 기후 문제 해결이나 위기 대응에 전혀 도움이 안 된다. 더 무서운 기후변화가 도래하기 전에 인류의 미래를 위해 두 나라가 손잡고 온난화 대응 기술에 협력하는 큰 리더십을 발휘해야 한다. 과학기술 1,2위를 달리고 있는 미·중의 협력 없이는 기후 위기 대응이 어렵기 때문이다.

미국은 개발도상국을 지원하고 설득하는 방안을 강구하고 중국은 경제개발 속도를 늦추는 일부터 시작해야 할 것이다. 먼저 2050년 넷제로(탄소 순 배출 0)를 목표로 배출가스를 줄여 뜨거워진 지구를 식히고 적절한 자원배분을 통해 자연의 복원력을 갖출 수 있게 하는 것이 중요한 선결과제다. '탄소중립'이라는 문제가 결코 쉬운 일은 아니지만 인류의 존속을 위해 저탄소 경제로의 전환과 친환경 신기술을 개발해 미·중이 앞장서고 세계가 합심하면 충분히 가능한 일이다.

기후 위기 대응은 미래세대와 직결되는 문제다. 오늘의 젊은 세대는 기후 위기의 최대 피해자다. 기후변화는 기성세대의 오만과 무지, 탐욕과 무절제 탓으로 개발과 성장에만 치중해 온 산물이기 때문이다. 노년세대는 석유와 화학연료를 근간으로 한 문명과 풍요로움을 마음껏 누려왔지만 자연 훼손에 대한 반성이나 환경오염과 생태보존에 대한 의식과 그에 대한 교육은 무관심했다.

그 폐해를 고스란히 어린이와 청소년 세대가 입고 있고 앞으로 더 심화될 것이다. 기성세대는 뼈를 깎는 반성과 성찰이 있어야 한다. 지금부터라도 강도 높은 탄소배출 억제와 지구온난화 제어에 나서야 하고 일회용품이나 비닐봉지, 세제사용을 줄이고 절수(節水)와 절전(節電) 등을 생활화함으로써 우리 아들딸들의 장래와 앞으로 태어날 인류의 미래를 위한 안식처를 제공해야 한다.

만시지탄(晩時之歎)이지만 기후변화에 대한 국제정치를 작동해 인류의 공멸을 막고 쾌적하고 아름다운 지구촌 보존에 나서야 할 것이다.

스포츠 정신 훼손한 '베이징동계올림픽'

2022. 02 10

2022년 베이징동계올림픽을 시청하다 참으로 어이없는 장면을 목도했다. 쇼트트랙 1000m 준결승에서 벌어진 심판의 편파판정을 말함이다. 너무나도 충격이 커 할 말을 잃고 말았다. 1조 1위로 들어온 한국의 황대헌 선수와 2조 2위로 들어온 이준서 선수 모두 상식에 어긋난 부적절한 판정으로 페널티를 받고 탈락했다. 올림픽 개최국의 프리미엄도 있고 판정 시비야 경기를 치를 때마다 있기 마련이지만 게임의 '룰' 자체를 훼손시켜가며 판정하는 것은 비단 스포츠가 아니라 해도 용납할 수 없는 폭거인 것이다.

그 결과로 한국 선수는 모두 탈락하고 중국 선수 3명이 고스란히 결승에 진출했다. 이렇게 진출한 중국의 횡포는 그것이 끝이 아니었다. 중국 선수 3인방이 헝가리 선수 2명과 경쟁한 결승전에서는 더 노골적이었다. 헝가리의 사오린 선수가 정당하게 1위로 들어왔지만 이번에는 레인변경 과정에서 접촉이 있었다는 이유로 어김없이 실격처리 되었다. 외국선수에게는 상호책임도 아예 적용되지 않았다. 이처럼 중국은 수차례의 편파판정을 거친 끝에 금메달과 은메달을 수확했다. 그리고 환호했다. 세계인들의 분노는 극에 달했고 심지어 중국의 현지 취재진마저도 공정성을 잃었다고 고개를 내저을 정도였다.

중국은 주최국의 책무는 물론이고 올림픽과 스포츠정신을 팽개치고 말았다. 세계인의 축제인 올림픽을 중국 국내체전 수준으로 격하시키며 올림픽에 참가한 선수와 이를 지켜보는 세계의 시청자들을 우롱했다.

중국의 허물은 그뿐만이 아니었다. 개막식에서 한복을 입은 여성이 중국의 소수민족 대표로 등장해 한복 원조 논란을 유발시키며 한국의 반중 정서에 불을 붙였고 통역의 부족과 성화의 관리 소홀, 선수촌 시설의 허술함으로 인해 숙소에 물이 새는가 하면 경기장의 빙질(氷質)문제 또한 도마 위에 올랐다.

빙질은 동계올림픽의 생명과도 같은 것인데 올림픽을 치를 준비가 제대로 되었는지 의문이 갈 정도였다. 각조마다 넘어지는 선수가 속출했다. 멀쩡하게 달리던 선수가 부딪침이 없는데도 넘어지는 일이 빈번하다보니 선수의 기량보다는 넘어질까 봐 조마조마한 상황이 계속되었다.

우리 선수도 예외가 아니었다. 여자 500m 준준결승에 나선 최민정 선수도 막판에 코너를 돌다 넘어졌고 남자 1000m 준준결승에서 박장혁 선수도 레이스 도중 넘어져 손가락부상을 입었다. 세계 각국의 수많은 선수들이 부실한 빙질로 인해 기량을 제대로 펴보지도 못하고 허무하게 무너져 내렸다.

중국이 이번 베이징 동계올림픽을 통해 시진핑 국가주석의 3연임과 중국 체제의 우월성을 과시할 목적으로 올림픽을 악용하는 무리수를 두었는지 모르지만 결국 소탐대실(小貪大失)의 우(愚)를 범하고 말았다. 메달 몇 개 더 얻으려다 크고 중한 것들을 송두리째 잃는 결과를 초래했으니 말이다.

가장 치명적 손실은 강대국으로서의 품격을 잃은 것이다. 중국은 현재 세계 G2를 자처하면서 2049년 세계 제일국가를 지향한다는 중국몽(中國夢)을 내세우고 있다. 그렇게 되려면 그에 걸 맞는 품격과 포용력을 갖추어야 가능한 일이다.

　그런데 중국은 세계인들이 지켜보는 올림픽에서 그 품격도 포용력도 제대로 보여주질 못했다. 올림픽이 시작되기 전부터 신장위구르 지역에서의 인권탄압 등을 문제 삼아 보이콧 논란에 휩싸였고 많은 국가수반들이 불참해 반쪽올림픽이라는 낙인이 찍힌 터였다.

　그렇다면 그것을 만회하기 위해서라도 더욱 세심한 노력을 기울여 오명을 씻어내는 계기로 삼았어야 했는데 오히려 부당한 편파판정 논란으로 TV시청보이콧 논란까지 일게 만들었으니 국격(國格)과 함께 국제사회의 신뢰마저 함께 잃고 말았다.

　중국의 잘못은 더 있다. 공정성 논란으로 인해 올림픽의 권위를 무너뜨린 것이다. 페어플레이라는 스포츠 정신을 훼손시킴으로써 세계 평화와 화합의 증진이라는 올림픽 정신까지 오염시킨 것이다. 올림픽은 각종 경기를 통해 세계인들이 만나는 축제의 장이다.

　올림픽 기간 중에는 전쟁 중인 나라도 휴전을 할 정도로 평화를 상징하는 대표적 국제행사다. 또한 4년마다 개최되는 올림픽을 위해 선수들이 쏟는 정성과 노력은 눈물겹다. 피를 말리는 수많은 예선전을 치르고 통과해야만 비로소 올림픽 무대에 서게 된다.

　그러기에 경기마다 선수 본인들은 물론이고 가족들과 국민들의 간절한 염원이 담겨 있기 마련이다. 각 나라마다 올림픽 종목 하나하나에 숭고한 정성과 가슴 벅찬 희망이 깃들어 있다. 이를 생각한다면 주최국 국민들을 포함해 진행요원과 심판들은 어느 것 하나 결코 소홀히 할 수가 없는 것이다. 경기의 공정성은 물론이고 모든 선수들에게 불편함과 억울함이 없도록 세심한 배려와 존중의 미덕을 발휘하는 것은 너무나도 당연한 일이다.

그런데 중국은 그 것을 외면하고 한 번도 아닌 반복된 오심으로 스포츠의 생명과도 같은 공정성을 훼손함으로써 화합은커녕 세계인들을 실망시키고 분노케 했다. 나라마다 선수단을 당장 철수시키라는 말까지 나오고 IOC위원장에게 항의가 이어지는가 하면 스포츠중재재판소(CAS)에 제소 움직임까지 나타나고 있으니 중국으로서는 올림픽을 통해 얻는 것보다 잃는 것이 훨씬 많은 결과를 초래하게 된 것이다.

그러나 아직도 기회는 남아 있다. 중국은 앞으로 남은 일정과 경기에서라도 공정성을 살리는 데 심혈을 기울이고 부족한 부분을 철저하게 보완해서 폐막식에서는 화해와 화합의 장이 펼쳐질 수 있도록 배전의 노력을 경주하기 바란다.

차기 올림픽 개최국들 역시 이번 중국 베이징동계올림픽의 문제점을 반면교사로 삼아 숭고한 올림픽 정신과 스포츠 정신을 지키고 계승하는 데 한 치의 소홀함이 없도록 빈틈없이 준비해야 할 것이다.

제5부

시사평론(時事評論)

3.1혁명과 임시정부 100주년

2019. 03. 01

2019년 3월 1일은 3.1혁명 100주년이 되는 날이다. 또한 4월 11일은 임시정부 수립 100주년이 되는 날이다. 우리나라 헌법(憲法) 전문에는 "3.1운동으로 건립된 대한민국(大韓民國) 임시정부(臨時政府)의 법통(法統)을 계승(繼承)한다"고 되어 있다.

바로 그 3.1운동과 임시정부 수립이 올해 100주년이 된 것이다. 한민족이라면 누구나 감회가 남다를 수밖에 없다. 정부는 임시정부 수립일인 4월 11일을 임시공휴일로 지정한다고 한다. 이처럼 정부를 비롯한 각 사회단체가 여러 분야의 각종 기념행사를 챙기는 것도 당연하고 자연스런 일이다. 100년 전 우리 민족이 꿈꾸던 것, 임시정부가 꿈꾸던 것은 이 나라 대한민국의 자주독립(自主獨立)이요, 민족해방(民族解放)이었다. 그래서 자주와 독립을 외치며 분연히 궐기한 것이었다.

3.1만세운동의 파장은 컸다. 철옹성 같은 제국주의의 그늘에서 잠들어 있던 대륙을 깨우고 전 세계에 영향을 미쳤다. 3.1만세운동은 우리 민족뿐

아니라 세계 민중사(民衆史)를 바꾼 위대한 민중혁명(民衆革命)이었다. 그렇다. 3.1만세운동은 혁명(革命)이라 불러야 한다. 명칭(名稱)에 따라서 역사적 사실까지 달라지는 것은 아니다. 하지만 어떻게 부르고 어떻게 쓰느냐에 따라 그 의미와 평가는 엄청난 차이가 있는 것이다. 그동안 우리는 오랜 시간 3.1혁명을 3.1운동이라 부르고 써왔다.

그러나 3.1운동이나 3.1만세운동이라 부르면 그 시대에 있었던 하나의 큰 사건으로 의미가 축소되고 만다. 그러나 혁명(革命)으로 부르거나 혁명으로 적시하게 되면 그 의미는 크게 달라진다. 그 사건의 의미가 더 확장되고 가치관의 상승과 함께 역사적 평가까지 변하게 된다. 현재는 물론이고 미래에 미치는 영향 또한 커지는 것이다. 그 사건으로 인해 사회적 변화를 가져오고 정치적인 변혁을 초래했음을 뜻하기 때문이다. 완전히 다른 평가가 내려지게 되는 것이다.

실제로 3.1만세운동은 그로 인해 국내외적으로 엄청난 사회적 파장과 정치적 파장을 몰고 왔다. 직접적으로는 일제의 식민지정책(植民地政策)의 변화를 가져왔을 뿐만 아니라 상해 임시정부 수립의 단초가 되었고 근대국가(近代國家)의 씨앗이 되었다. 또 3.1혁명은 봉건군주체제(封建君主體制)를 타파하고 공화민주주의(共和民主主義)의 굳건한 토대를 마련한 의식혁명(意識革命)이자 사회혁명(社會革命)이었다.

더구나 그 파장은 우리 민족에 국한된 것이 아니었다. 우리와 같은 처지의 피압박(被壓迫) 민족에게 자각(自覺)과 구원(救援)의 불씨를 제공했다. 대표적인 것이 중국의 '5.4운동'과 인도의 '비폭력 무저항운동'이다. 3.1혁명은 잠자는 두 대륙을 깨운 것이다. 그뿐 아니다. 중국의 '5.4운동'을 시작으로 필리핀의 '8월 여름독립시위', 터키의 '민족운동', 이집트의 '반영자주운동'으로 연이어 줄줄이 이어져 영향을 미쳤다.

3.1혁명은 당시 잘못 된 세계질서(世界秩序)를 바로잡는 데 기폭제(起爆劑)

역할을 한 쾌거였음을 이미 역사가 증언하고 있다. 그러기에 3.1만세운동은 혁명이라 불러야 한다. 인류가 나아갈 바를 제시한 선구적(先驅的) 혁명이라 불러야 마땅하다.

그 중에서도 특히 주목할 것은 3.1만세혁명은 일체의 폭력을 배제하고 맨손으로 저항한 비폭력(非暴力) 평화혁명(平和革命)이란 사실이다. 시위에 참여한 그 많은 사람들 중 누구도 태극기 외에 무기 하나 들지 않았다. 오직 정의(正義)의 신념(信念)으로 일제의 무자비한 총칼에 맞섰다.

일찍이 인류역사에 이 같은 저항운동(抵抗運動)은 없었다. 세기의 명문장인 독립선언문(獨立宣言文) 역시 궁극적으로는 평화선언문(平和宣言文)이라 할 수 있다. 동양평화와 세계평화를 향한 메시지였다. 그러기에 독립선언문에는 만세운동의 필연성(必然性)을 당당하게 강조하고 있다. 우리의 독립운동은 단지 배일감정(排日感情)에서 나온 것이 아니며 동양평화(東洋平和)를 위해 필수적 선택이었음을 누누이 강조하고 있다.

'기미독립선언문(己未獨立宣言文)'은 한 걸음 더 나아가 자주(自主)와 민주(民主), 평등(平等)을 내세워 인류가 지향(指向)해야 할 기본정치철학을 분명하게 적시(摘示)하고 있다. '기미독립선언문' 서두를 보면 그 의미가 명확히 제시되어 있다. "이제 우리는 우리 조선이 독립국(獨立國)임과 조선인이 자주민(自主民)임을 선언하노라." 또한 "인류가 평등(平等)하다는 큰 뜻을 분명히 하노라." 이 뜻을 "자손만대에 알려 올바른 권리를 세계가 함께 영원히 누리도록 해야 함이니라." 자주(自主)와 민주(民主), 평화(平和), 이 숭고한 뜻은 과거뿐 아니라 현재와 미래에도 인류가 나아갈 바를 밝히는 영원한 이정표로서 전혀 부족함이 없는 것이다.

3.1혁명의 도화선이 된 만세운동은 어느 날 갑자기 시작된 것이 아니었다. 1894년 동학농민혁명(東學農民革命)이 모태가 되어 1895년의 을미사변(乙未事變)과 단발령(斷髮令)으로 시작된 의병투쟁(義兵鬪爭) 때부터 그 싹은 이미

자라고 있었다. 또한 일제 강점기에 들어서는 '언론 결사의 자유'를 비롯하여 '집회의 자유'와 '사상의 자유'를 포함한 기본적 인권까지 박탈함으로써 조선인의 내면적 저항심을 키웠다. 일제는 심지어 1915년에 교육관계규칙을 만들어 우리 고유(固有)의 말과 글, 신앙까지 빼앗는 등 세계 유례가 없는 교활하고 간악한 무단통치(武斷統治)의 만행을 저질렀다. 그것은 비단 교육뿐 아니었다.

일제는 반도식민사관(半島植民史觀)을 통해 우리의 역사는 물론 민족의 얼과 영혼마저 빼앗기 위해 혈안이 되었다. 3.1혁명은 그 동안 봉건군주제의 폐단(弊端)과 일본 제국주의(帝國主義) 수탈자(收奪者)들에게 짓밟히고 억압 받으며 쌓였던 민중들의 분노가 차곡차곡 쌓여져 있다가 한꺼번에 폭발한 것이었다.

3.1혁명 100주년을 맞아 또 하나 우리가 기억해야 할 것은 1919년 3.1만세혁명의 바람은 국내에 앞서 나라밖에서 불기 시작했다는 것이다. 독립운동의 본거지(本據地)인 만주와 적의 심장부(心臟部)인 일본 본토에서부터 시작되었다.

1919년 3.1만세운동이 국내에서 일어나기 한 달 전인 1919년 2월 1일에 만주 길림에서 서른아홉 명의 독립운동가들이 모여 조소앙(趙素昂)이 쓴 '대한독립선언서' 일명 '무오독립선언서(戊午獨立宣言書)'를 발표했고, 20여일 전인 1919년 2월 8일에는 도쿄 한복판에서 600여 명의 유학생(留學生)들이 모여 '2.8독립선언서'를 발표함으로써 기미년(己未年) 3.1혁명의 불을 지폈다. 그 불씨는 마침내 국내로 옮겨져 횃불로 승화되었고 용광로처럼 타오르기 시작했다. 전국 방방곡곡에서 군중(群衆)은 점차 늘어나고 만세소리는 걷잡을 수 없이 커졌다. 당시 인구 1,800만 명중 200만 명이 참여했으니 명실상부(名實相符)한 전 민족적 거사였다.

1919년, 기미년(己未年) 3.1만세운동은 평등(平等)과 공영(共榮)을 실천한 혁명이었다. 남녀노소(男女老少)의 구별도 없었고 지역(地域)의 구별도, 빈부귀천(貧富貴賤)의 구별도 없었다. 심지어 이념(理念)과 종교(宗敎)마저 초월했다. 그야말로 거국적(擧國的)이고 거족적(擧族的) 항쟁(抗爭)이었다. 우리나라 수천 년의 역사에서 전 국민이 남녀상하(男女上下) 구별 없이 온전하게 하나가 된 것은 이 때가 처음이었다.

그렇게 되기까지 얼마나 많은 고통과 번민이 뒤따랐을 것인가. 또 수십 번 아니 수백 번의 대화와 타협의 과정이 있었을 것이고 과감하게 소아(小我)를 버리고 대아(大我)를 취하는 살신성인(殺身成仁)의 희생도 감내했을 것이다. 이는 오로지 구국정신(救國精神)이자 자주정신(自主精神)이요, 독립정신(獨立精神)의 발로였던 것이다. 아무 조건 없는 대통합(大統合)을 이룸으로써 위대한 대동단결(大同團結)의 정신을 발휘한 것이다.

1919년 3.1만세운동은 일시적 현상으로 그치지 않았다. 날이 갈수록 그 세는 걷잡을 수 없이 커졌고 전국으로 들불처럼 번져 나갔다. 여기에다 1919년 1월 22일에 승하한 고종의 독살설(毒殺說)은 만세시위에 기름을 부어 민족적인 울분(鬱憤)을 촉발(觸發)시키게 되었다.

고종의 국장일인 3월 3일을 기해 서울로 운집한 군중들의 위세는 이미 수천 명을 넘고 있었다. 이에 위기를 느낀 일제는 헌병과 경찰을 동원해 주모자 색출에 나섰고 무자비한 살상(殺傷)을 저질렀다.

그렇지만 이미 목숨을 내건 조선 민중들이었다. 그들의 함성을 그 어떤 것으로도 막을 수는 없었다. 끝까지 굴하지 않고 저항하다 삼천리 방방곡곡(坊坊曲曲)에서 태극기를 껴안은 채 죽어갔고 만세를 부르다 쓰러진 시신의 손에는 독립선언서가 쥐어져 있었다. 이 같은 폭력이 아닌 평화적 만세시위는 일제의 잔악한 무력탄압에도 불구하고 3월을 지나 4월 말까지 이어졌다.

생각해 보라. 맨주먹으로 잔인무도한 일제의 총칼에 대항하려면 그 마음이 얼마나 비장(悲壯)했을 것인가. 또 얼마나 많은 피로 얼룩진 희생(犧牲)이 있었겠는가. 독립운동가 박은식(朴殷植)은 3.1혁명을 포함한 독립운동에 대해 쓴 글의 제목을 '한국독립운동혈사(韓國獨立運動血史)'라 했다. 피(血)의 역사인 것이다. 전국에서 태극기를 들고 만세시위에 참여한 200여 만 명중, 7,509명이 숨졌고 1만 5,850명이 상해를 입었으며 4만 5,306명이 체포 구금되었다.

아마도 이보다 훨씬 더 많았을 것이다. 일제는 평화행진(平和行進) 첫날부터 조준(照準) 발포(發砲)를 시작하였으며 태극기를 든 시위대는 무조건 잡아다가 폭도(暴徒)로 몰아 잔인한 고문(拷問)을 가했을 뿐만 아니라 사상자를 조직적으로 은폐(隱蔽)까지 하였으니 3.1만세혁명 희생자의 정확한 숫자는 지금까지도 알 수가 없다.

만세시위(萬歲示威)는 국내뿐 아니라 만주와 연해주에서도 이어졌다. 이것만 보더라도 3.1혁명의 열기가 얼마나 뜨거웠는지 미루어 짐작할 수 있다. 3.1혁명 이후 독립운동은 고난의 연속이었다. 중국과 러시아를 무대로 독립운동(獨立運動)을 하다 순국한 항일 독립지사(獨立志士)들은 얼마나 많았으며 억울하게 희생당한 민초(民草)들은 또 얼마나 많았을 것인가. 만주 벌판 골짜기마다 아직도 시신(屍身)조차 수습하지 못한 독립지사(獨立志士)들은 또 얼마일 것인가.

이역만리 타국에 와서 악전고투(惡戰苦鬪) 끝에 마련한 피 같은 돈을 십시일반(十匙一飯)으로 모아 독립자금(獨立資金)으로 보태고 쫓기는 독립군을 돕다가 희생당한 수많은 동포들의 한(恨)은 또 어찌 할 것인가. 이 나라 대한민국(大韓民國)은 바로 그분들의 피와 땀으로 지키고 일구어낸 나라라는 사실을 한시라도 잊어서는 안 될 것이다.

이제 우리는 3.1혁명(革命)과 임시정부(臨時政府) 100주년을 맞아 새로운 각오(覺悟)를 해야 한다. 그리고 앞으로 다가올 대한민국(大韓民國)의 새로운

100년을 준비해야 한다.

그러기 위해서는 먼저 무엇부터 해야 할 것인지를 살피는 일이 중요하다. 그 첫 번째 일은 당연히 우리나라의 완전한 독립(獨立)이다. 우리는 아직 완전한 독립을 이루지 못했다. 완전한 독립(獨立)은 통일(統一)이다. 통일은 분단을 넘어서야 한다. 일제 식민통치에서 해방되자마자 그 기쁨을 느끼기도 전에 자의(自意)가 아닌 타의(他意)에 의해 나라가 두 동강나고 말았다. 그것도 서러운 일인데 우리는 하찮은 이념(理念)의 차이로 인해 동족전쟁(同族戰爭)까지 치르고 분단국으로 70년을 살고 있다.

100년 전 궐기했던 3.1혁명의 목적이나 임시정부가 꿈꾸던 나라는 반쪽짜리 나라가 아니었다. 한반도 전체를 되찾아 유구한 전통을 잇고 부강한 나라, 찬란한 문화를 꽃피우는 나라를 원했다. 그 꿈을 이제 우리가 실현(實現)해야 한다.

지금 우리나라는 미완(未完)의 독립상태(獨立狀態)에 놓여 있다. 21세기를 살고 있는 우리가 그 과제를 완수해야 한다. 100년 전 우리의 선조들이 그랬던 것처럼 우리도 온전히 하나가 되어 앞으로 나아가야 한다. 지구촌 유일한 분단국(分斷國)으로 남아 있는 부끄러운 오명(汚名)을 하루빨리 씻어내야 한다. 어떠한 장애물(障碍物)과 난관(難關)이 있더라도 반드시 극복하고 제대로 된 반듯한 통일국가(統一國家)를 완성해야 한다.

3.1혁명과 임시정부 수립 100주년을 맞으면서 또 하나 우리가 시급히 서둘러야 할 일은 역사(歷史)를 바로 세우는 일이다. 제대로 된 역사(歷史)를 정립하는 일이다. 일제에 의해 왜곡(歪曲)되고 조작(造作)되고 말살(抹殺)된 역사를 우리 본래의 역사로 되돌려 놓아야 한다. 일본 통치시대 '조선사편수회'가 왜곡해 놓은 거짓역사에서 과감히 탈피해야 한다.

그런데 광복 70년이 지난 오늘까지도 우리 학계에서는 아직도 일제 잔재인 식민사학(植民史學)을 바로 잡지 못하고 있다. 또 설상가상(雪上加霜)으로 선진 강국들에 비해 역사교육마저 현저하게 소홀히 다루고 있다. 지금부터라도 역사를 바로 세우고 역사교육을 강화해야 한다. 그릇된 역사를 그대로 방치하고 역사교육을 게을리 한다면 이는 선조들께 죄를 짓는 일이요, 후손들에게 부끄러운 일임을 명심해야 한다.

역사는 나라의 근본(根本)이다. 우리나라는 예로부터 나라의 뿌리인 역사를 소중히 해 왔다. 삼국사기(三國史記)와 삼국유사(三國遺事), 조선왕조실록(朝鮮王朝實錄) 등이 이를 말해 주고 있다. 주변국들은 없는 역사도 만들어 자기의 역사로 기록하고 있는데 우리는 분명한 실존(實存)의 역사도 제대로 되찾지 못하고 올바르게 가르치지 못한다면 얼마나 서글픈 일인가. 중국의 동북공정(東北工程)은 우리가 언젠가는 고구려(高句麗)와 발해(渤海)의 영토를 찾게 될 것이 두려워 방어수단으로 나온 책략인 것이다. 거두절미(去頭截尾)하고 제나라의 역사를 알지 못하고 융성한 민족은 본 적도 들은 적도 없다.

역사학자이자 독립운동가인 단재(丹齋) 신채호(申采浩)는 "역사를 잊은 민족에게 미래는 없다", "영토를 잃은 민족은 재생할 수 있어도 역사를 잊은 민족은 재생할 수 없다"고 설파했다. 상고사(上古史)를 비롯하여 근현대사(近現代史)에 이르기까지 가감(加減)없는 역사 교과서를 만들어 자랑스럽게 보고 배우고 가르쳐야 한다. 유구한 역사라고 자랑만 할 것이 아니라 각 가정마다 제대로 된 내 나라 역사책 한 권쯤은 있어야 할 것이 아니겠는가.

3.1혁명 100주년, 임시정부수립 100주년을 맞으면서 우리가 잊지 말아야 할 것은 강력한 국가안보의 구축이다. 일본 통치시절 내 나라를 빼앗기고 정든 고향을 버린 채 나라밖으로 떠나 유랑민이 되어야 했던 사실과 임시정부가 간판을 들고 중국대륙을 전전했던 때를 생각해 보면 국가안보의 중요성은 더 이상 거론할 필요조차 없다.

지금도 외교와 안보의 기본철학은 방심(放心)을 경계하는 것이어야 한다.

지금 이 시간에도 주변국들을 포함한 외세의 침탈야욕(侵奪野慾)은 진행 중이라는 사실을 결코 잊어서는 안 된다. 세계가 겉으로는 평화(平和)를 외치고 있지만 약육강식(弱肉強食)과 적자생존(適者生存)의 원칙에는 여전히 변함이 없다는 사실을 명심해야 한다.

미국과 중국의 불을 뿜는 무역전쟁, 얼마 전에 있었던 일본 초계기(哨戒機) 도발을 보지 않았는가. 그것도 한 번이 아닌 두 번, 세 번을 연달아 반복하는 저의가 무엇이겠는가. 우리를 자극해서 군사적 긴장을 유도해 자위대(自衛隊) 동원의 근거를 마련하고 나아가 '평화헌법(平和憲法)'을 개정하려는 데 있다는 것은 너무나도 명약관화(明若觀火)한 일이다.

구한말 한국 침략을 위해 써먹었던 '운요호 사건'과 똑같은 전통적 전략을 구사하고 있는 것이다. 일본군 위안부 문제에 대해 결단코 사과하지 않겠다는 일본 수뇌부의 망언(妄言)은 또 무엇을 의미하는가. 그것 역시 평화헌법 개정을 관철하기 위한 발판 마련이 아니겠는가. 이처럼 평화헌법 개정에 목말라 하는 것은 바로 군국주의(軍國主義)로의 회귀(回歸)로 보아야 한다.

따라서 한시라도 경계를 늦추지 말아야 한다. 일본의 독도에 대한 집착(執着)은 물론이고 쿠릴열도와 남중국해의 영토전쟁(領土戰爭)을 보면서 우리가 지금 무엇을 어떻게 해야 될지는 너무나도 자명한 일이다. 그것은 하나가 되는 것이다. 단결(團結)의 지혜(知慧)를 발휘하는 것이다. 국력(國力)을 축적(蓄積)하는 것이다.

이제 다시는 분열로 인해 외세(外勢)에게 나라를 침탈(侵奪) 당하는 일이 있어서는 안 된다. 내 나라를 사랑한 죄로 감옥을 가고 고문을 당하고 가족과 이별하는 일이 있어서도 안 된다. 사정이 이와 같은데 우리가 분열(分列)로 시간을 낭비해서야 되겠는가. 진정 이 나라 국민이라면 가슴에 손을 얹고 냉철히 생각해 볼 일이다.

3.1혁명 100주년, 임시정부수립 100주년을 맞이하여 우리는 또 다시 민족사(民族史)의 대전환(大轉換)을 이루어야 한다. 그것은 한반도 통일과 평화체제를 확고히 다지는 일이고 선진강국으로 도약하는 일이다. 우리는 해낼 수 있다. 우리 민족은 강인하고 우수하다.

지난 100년 동안 식민지배에서 해방된 나라 중에 근대국가의 면모를 갖추고 단기간에 산업화(産業化)와 민주화(民主化)를 동시에 이룩한 나라가 어디 있는가. 또 하계올림픽과 동계올림픽, 월드컵과 엑스포, 국제 영화제를 비롯하여 ASEM, APEC, G20정상회의 등의 국제행사를 거뜬히 치러내고, 한류열풍(韓流熱風)은 세계를 놀라게 하고 있지 않은가.

그런데 왜 아직도 세계 유일의 분단국으로 남아 있어야 하는가. 다시 한 번 민족의 저력을 발휘해야 한다. 지금부터 100년 전 3.1혁명 때 우리의 선조들이 일어섰던 것처럼, IMF 위기 때 모두가 함께 나섰던 것처럼, 2002 월드컵 때 한 마음이 됐던 것처럼 전 국민이 일치단결(一致團結)하면 조국통일(祖國統一)도 민족번영(民族繁榮)도 역사수호(歷史守護)도 국가안보(國家安保)도 모두가 가능한 일이 될 것이다.

조국(曺國) 검증 파동, 무엇이 문제인가

2019. 09.26

검찰이 조국(曺國) 법무부 장관 자택을 전격 압수수색했다. 사상 초유의 일이다. 말 그대로 살아 있는 권력을 향해 작심하고 칼을 들이댄 것이다. 조국(曺國) 일가의 검증 과정은 참으로 요란스럽다. 벌써 두 달째다. 가족은 물론 관련 기관들과 친인척들도 예외가 아니다.

먼지털이식 검증, 현미경 검증이란 말이 나온다. 대한민국의 모든 일상이 조국(曺國) 파동에서 헤어나지 못하고 있다. 대통령이 법무부 장관 후보로 지명했고 헌법이 정한 대로 국회 청문회를 마쳤다. 현재는 법무부 장관으로 취임해 직무를 수행하고 있다.

그런데 아직도 검증은 계속되고 있다. 검찰은 여전히 수사를 진행 중이고 국감장에서도 청문회는 계속되고 있다. 연일 무더기로 쏟아지는 정보의 홍수 속에 국민들도 지쳐간다. 그 진위는 차치하고라도 이젠 짜증이 날 지경이다. 검찰의 조국(曺國) 일가에 대한 수사는 방대하고 집요하고 과도하다. 마치 검찰의 사활을 건 듯하다. 국민들도 양분된 채 조국대전을 치르

고 있다. 지금 대한민국은 때 이른 대선(大選)을 치르고 있는 것 같은 착각이
들 정도다.

고위공직자의 검증(檢證)은 철저하게 이루어져야 한다. 그것은 너무나도
당연한 일이다. 국가의 주요부분을 책임지고 있기에 그렇다. 국회 청문회
제도가 있는 것도 그 때문이다. 여기에 아무도 이의를 제기할 사람은 없다.
또한 검증(檢證)에 나선 모든 주체들 역시 떳떳하고 공명정대해야 한다. 한
점 부끄러움이 없어야 하고 적용하는 잣대 또한 평등해야 한다. 그렇지 않
다면 그것은 위선이다. 정당성이 훼손되면 설득력을 잃는다. 결국 이전투
구(泥田鬪狗) 양상으로 변질되고 만다.

우리 사회의 모든 구성원들은 각자 자기가 맡은 직분이 있다. 모두가 한
가지 일에 매달릴 수 없으니 각 분야별로 일을 분담하는 것이다. 고위공직
자 임명에 따른 문제만 하더라도 국회는 청문회를 열어 철저하게 검증하
고 정해진 절차에 따라 처리하면 된다. 위법이 있다면 검찰과 법원은 사심
없이 수사하고 양심에 따라 판결하면 된다. 언론은 그 과정을 보태거나 빠
뜨리지 말고 사실대로 보도하면 될 일이다.

국민들도 마찬가지다. 차분하게 검찰의 수사 결과를 지켜보고 법원의 판
단을 기다리는 인내심을 가져야 한다. 그런 연후에 모든 일이 적법(適法)하
게 처리되었으면 박수를 보내고 문제점이 발견되면 나서서 지적하고 응징
하고 바로잡으면 될 일이다. 대통령도 촛불을 들어 탄핵시킨 국민들이 아
닌가. 그런데 우리 사회가 왜 이리 소란스러운가. 원인은 각자의 위치를 망
각하고 궤도를 이탈했기 때문이다. 소임을 제대로 실행하지 않은 데서 비
롯된 것이다.

국회는 인사 청문회 초반부터 제구실을 못했다. 청문회를 열어 검증(檢
證)하면 될 일을 개최여부를 놓고 갈등을 보이며 추태를 연출했다. 정쟁(政
爭)에 몰두하느라 천금 같은 시간을 다 허비하고 말았다. 초읽기에 몰리자

마지막 하루를 남겨놓고 열기는 했지만 제대로 된 검증(檢證)이 될 리가 없다. 끝내 어설픈 하나마나한 청문회가 되고 말았다. 정치권이 한심한 것은 어제오늘의 일이 아니다. 올바른 정책을 입안해 국리민복(國利民福)을 꾀하기보다는 동물국회 식물국회에 익숙해져 있다. 면책특권(免責特權) 뒤에 숨어서 여론마저 호도하고 있다. 아니면 말고식의 폭로성 가짜 뉴스를 양산하는 산실이 되어 있다. 당연히 국회부터 개혁하자는 목소리가 높다. 지탄받아 마땅하다.

검찰도 기대에 부응하지 못했다. 대다수 국민들은 윤석열 검사가 총장에 임명되었을 때 모처럼 한 목소리로 지지를 보냈다. 공정하고 단호하게 검찰개혁(檢察改革)을 단행하고 사법정의(司法正義)를 세울 것으로 믿었기 때문이다. 그런데 국회 인사청문회가 진행되고 있을 때부터 조금씩 틈을 보이며 어긋나기 시작했다.

국민들이 납득할 수 없는 일들이 속속 터져 나왔다. 철저히 비밀이 유지되어야 할 수사 정보가 유출되는가 하면 '피의사실공표(被疑事實公表)'가 아무 거리낌 없이 자행되었다. 국민들은 실망했다. 검찰개혁(檢察改革)의 목소리가 다시 높아지는 이유다. 열화 같은 국민들의 기대에 호응하지 못한 것은 검찰 스스로가 자초한 일이다.

특히 언론(言論)은 국민들의 신뢰를 잃은 지 오래다. 언론의 생명인 사실보도가 의심받고 있다. 편파보도, 검증되지 않은 추측성 보도에 몰두한 결과다. 언론의 사회적 영향력을 감안할 때 이는 매우 불행한 일이다. 언론(言論)이 바로 서지 않으면 국민들은 분열하고 국가가 흔들리게 된다.

대쪽 같은 정론(正論)을 바탕으로 권력을 비판하고 국민들의 알 권리를 충족시켜야 함에도 불구하고 그 본분을 다하지 못하고 있다. 우리 국민들은 먹고 살기 위한 일상을 소화하기에도 바쁘다. 당연히 정치 지도자와 언론의 말을 그대로 믿고 따를 수밖에 없다.

그런데 정치권과 언론은 이를 망각하고 있다. 아니 알면서도 실행할 의지가 없는 것처럼 보인다. 심지어 일본의 무역보복이 들어와도, 태풍이 몰아쳐도, 돼지열병이 만연해도, 대형 화재가 나도, 저 출산으로 나라의 존립(存立)이 위태로워도 이 모두가 조국열풍에 묻혀버리는 작금의 현실은 분노를 넘어 비극에 가깝다. 그것이 아니라고 변명해서는 안 된다. 이 같은 고질적 관행은 참으로 오래 되었다. 국민들이 그러한 적폐(積弊)가 개선되기를 얼마나 간절하게 원하는지 정작 본인들만 모르고 있다.

단적으로 얼마 전에 있었던 인사청문회를 보자. 당시 장관급 후보자가 조국 말고도 여럿 있었다. 하나같이 국가의 중요한 부서들이다. 그런데 조국 외에 나머지 인사들은 누가 어떤 직책을 맡게 되었는지 적격과 부적격은 심도 있게 가려냈는지 후보자 이름조차도 잘 알려지지 않았다. 또 그들에 대한 인사청문회를 하고 넘어갔는지조차 베일에 가려진 채 끝나고 말았다. 정치권과 언론 모두가 오로지 조국(曺國) 한 사람에게만 사활(死活)을 걸고 있었기 때문에 나머지는 묻혀 버린 것이다.

이 같은 현상이 정상적이라고 할 수는 없지 않은가. 하루빨리 구태를 청산(淸算)하고 개선(改善)해야 한다. 별로 어렵지 않다. 국민의 뜻을 잘 살피고 섬기면 된다. 자기가 맡은 본연의 임무에 충실하면 된다. 정치의 요체는 여민동락(與民同樂)이라 하지 않는가. 그것을 실천하는 것이 그렇게 어려운가. 어렵다면 공인의 자리를 내려놓아야 한다. 알면서도 그 자리에 남아 있다면 죄를 짓는 일이다.

공직자들이여, 국민들의 혈세(血稅)에 담겨 있는 수많은 사연과 의미를 한 번쯤 생각해 보기 바란다.

불자는 진리구현과 이타행을 실천해야

2021. 02. 13

　2020년 2월 4일(음력 정월 열 하루날) 관음기도도량으로 널리 알려진 불암사(佛巖寺)에 다녀왔다. 경자년 '입춘절(立春節) 법회'에 참가하는 아내를 따라 나선 길이었다. 유독 이번 겨울엔 눈도 귀하고 춥지 않은 날씨가 이어지더니 입춘치레를 하느라 그런지 오늘 따라 날씨가 제법 쌀쌀하다. 아침 일찍부터 몇 가지 공양물을 챙기고 마스크까지 준비해서 집을 나섰다. 예년 같으면 마스크는 별로 필요치 않은 물건인데 요즘 세계를 들썩이게 하는 중국 발 '신종코로나바이러스'라는 전염병 때문이었다. 정부 당국과 언론에서 감염을 예방하기 위한 조치로 손 씻기와 마스크 착용을 연일 강조하고 있기도 하거니와 오늘은 각처에서 많은 불자(佛子)들이 모일 것이기에 만일을 대비해 준비한 것이다.

　버스를 타고 가면서 보니까 입춘이라 해도 아직 봄기운은 그다지 느껴지지 않으나 길가는 사람들은 물론이고 버스 승객들의 옷차림에서 봄이 왔음을 느낄 수 있었다. 그리고 몇 사람을 제외하고는 모두가 각양각색의 마스크를 착용하고 있었다. 버스 출입문에 손세정제까지 비치해 놓은 것으로 보아 이번 바이러스 파동이 매우 심각하고 우려스러운 사태임을 알 수 있었다. 한편으로는 이것 때문에 법회 참석률이 현저하게 저조하지나 않을까 하는 생각마저 들었다. 그러나 막상 도착해 보니 이 모든 것이 기우(杞憂)에 불과했다. 불암사 입구에는 이른 시간임에도 벌써부터 많은 불자들이 법회와 부처님 봉행을 위해 나와 있었다. 그뿐 아니라 사찰 안에서는 마스크를 착용한 사람도 거의 없었다. 불암사 입구에서부터 경사진 비탈길을 제각기 분주하게 오르내리며 평소처럼 북적이고 있었다.

나는 불자라고 하기엔 많이 부족한 사람이지만 불교와의 인연은 꽤 오래되었다. 회고해 보면 어린 시절 독실한 불교 신도였던 할머니(祖母)께서는 해마다 한 달에 한 번씩은 나를 데리고 절을 찾으셨다. 정월 초이렛날, 이월 초하룻날, 삼월 삼짇날, 사월 초파일날, 오월 단오 날 등, 그때마다 할머니께서는 지극정성으로 불공을 드리며 나를 그 자리에 참여케 하셨다. 내가 일흔이 넘게 살아오면서 숱한 어려움에 봉착할 때가 많았으며 심지어 생사의 기로에 설 때도 더러 있었다. 그때마다 할머니의 그 공덕(功德)으로 오늘까지 잘 이겨내고 있는 것이 아닐까 하는 생각이 들 때가 많다. 그래서 국내는 물론이고 외국에 나갔을 때도 사찰을 즐겨 찾아 예를 올리곤 한다. 그러나 그뿐이다. 주기적으로 사찰을 정해놓고 찾아가 예불을 드리거나 경전을 열심히 공부해 본 적이 없다. 하여 부처님과 대선사들의 오묘하고 깊은 교리에 대해서는 잘 모른다. 다만 어렸을 때 영향인지 몰라도 사찰을 찾는 일이 참으로 익숙하고 즐거운 것만은 사실이다.

그래서 그런지 나는 바쁜 일상 속에서도 틈이 나면 우선적으로 사찰을 찾게 되는 것이 습관처럼 되었다. 그렇게 세월이 흐르다 보니 6.25사변둥이인 내가 태어났을 때부터 이미 금단구역이 되어버린 북한을 제외한 남한에 있는 주요사찰들은 거의 한 번쯤은 발걸음을 했다. 매번 느끼는 일이지만 어떤 사찰이 되었건 일주문(一柱門)에 들어서는 순간부터 나도 모르게 마음이 경건해지고 평온해짐을 느낀다. 경내에 그저 서있기만 해도 그동안 쌓였던 번뇌(煩惱)가 사라지고 만사(萬事)에 대해 대범해지는 것을 수없이 경험했다. 나의 얕은 소견이지만 유명한 사찰치고 명당(明堂)이 아닌 곳이 없었고 그 명당자리에는 예외 없이 부처님을 모신 법당이 있고 청정(淸淨)하게 흐르는 석간수(石間水), 장중하게 울려 퍼지는 범종(梵鐘) 소리, 그와 더불어 수려한 주변 자연경관의 영향 때문이 아닌가 하는 생각이 들었다.

불암사(佛巖寺) 역시 내가 자주 찾는 사찰이다. 집에서 그리 멀지 않고 유서 깊은 천년고찰(千年古刹)이기 때문이다. 불암사를 품고 있는 이곳 불암산(佛巖山)은 바위로 된 산이라 해도 과언이 아니다. 산 이름에 바위 암(巖)자가 들어 간 것만 보아도 알 수 있다. 그래서 여러 이름으로 불린다.

첫째, 불암산(佛巖山)은 바위로 된 산봉우리가 부처님의 형상을 닮았다 하여 붙여진 이름이라고 한다. 또 산꼭대기 흰 바위의 뾰족한 모습이 붓의 형체와 닮았다 하여 필암산(筆巖山)이라 하고 이 산 어딘가에 하늘의 보물이 숨겨져 있다 해서 천보산(天寶山)으로 불리기도 한다. 불암사(佛巖寺)의 일주문 현판에는 '천보산 불암사(天寶山 佛巖寺)' 라 되어 있다. 불암산은 6.25한국전쟁 초기에 인근에 있는 육군사관학교 생도들이 유격대를 조직해 혁혁한 전과를 올린 격전지였다. 임관을 앞둔 사관생도들이 자발적으로 나서서 수개월 동안 이 산을 근거지로 전투를 벌였다. 그들이 그리 할 수 있었던 것은 불암사와 주변 주민들의 지원이 큰 힘이 되었다고 한다. 그래서 흔히 불암사를 일컬어 호국도량(護國道場)이라 부르기도 한다.

불암사(佛巖寺)는 이 산의 중턱에 자리한 대한불교조계종 제25교구 본사(本寺)인 봉선사(奉先寺)의 말사이다. 824년(신라 헌덕왕 18년) 지증국사(智證國師)가 창건하였고, 신라 말엽 도선국사(道詵國師)가 한 차례 중건했으며, 조선 초 무학대사(無學大師)가 삼창했다고 한다. 조선시대 초기 세조(世祖)때 한양을 중심으로 왕실의 안녕과 번영을 위하여 사방에 원찰을 정한 바 있었는데 동쪽에는 불암산의 불암사(佛巖寺), 서쪽에는 삼각산의 진관사(津寬寺), 남쪽에는 삼성산의 삼막사(三幕寺), 북쪽에는 북한산의 승가사(僧伽寺)를 호국안민(護國安民)의 기도도량으로 정했다. 그 중에서도 불암사는 '동불암(東佛巖)'이라 하여 왕실 원찰 중에서도 으뜸가는 사찰로 꼽았다고 전한다. 불암사에는 보물 제591호로 지정된 '석씨원류응화사적목판(釋氏源流應化事蹟木板)'과 보물 제2003호로 지정된 '목조관음보살좌상(木造觀音菩薩坐像)'이 있다. 이밖에도 경기도 유형문화재 제53호인 불암사 경판(經板), 제315호인 불암사 괘불도(掛佛圖)와 제345호인 석가삼존십육나한도(釋迦三尊十六羅漢圖), 제348호인 목조석가여래좌상(木造釋迦如來坐像) 등, 문화재 4점도 함께 소장되어 되어 있다. 사찰 전체가 약간 경사진 형태여서 오르기는 좀 힘들지만 주변 모두가 암반으로 되어 있어 매우 튼실하고 견고한 느낌을 주는 사찰이다.

아내는 대웅전(大雄殿)에서 열리고 있는 법회에 들어가고 나는 천천히 경내를 돌아보았다. 조선 최고의 명필 한석봉(韓石峯)이 썼다는 대웅전(大雄殿)의 현판을 보니 글씨에 힘이 넘친다. 대웅전 안에서는 스님의 설법이 한창이다. 아래를 내려다보니 사찰 입구에 마련된 공양물 판매소에 공양미(供養米)를 비롯하여 양초와 꽃을 사려는 사람들로 붐비고 있다. 대웅전(大雄殿)과 칠성각(七星閣)에 이미 많은 불자들이 가득 찼다. 경내에도 많은 사람들이 이곳저곳에서 합장기원(合掌祈願)을 하고 있다. 미륵불의 화신이라 일컫는 '포대화상'의 석상 앞에도 예외가 아니었다. 넉넉한 몸으로 배를 내민 채 동자승들과 함께 유쾌하게 웃고 있는 모습을 보고 있노라면 세상 근심이 사라지는 것 같다.

석상 앞에 설치된 달집조형물에는 많은 사람들이 줄을 서서 차례를 기다리고 있었다. 기원문을 써서 달집에 매달기 위해서다. 잠시 서서 지켜보니 주로 가족에 대한 건강과 복을 비는 글이 대부분이다. 어떤 이는 자녀의 결혼이 성사되게 해달라고 썼다. 시험합격과 질병 완치를 기원하기도 한다. 글씨는 비록 서툴고 맞춤법이 틀리기도 하지만 맑은 눈동자와 손끝에서 화선지에 전해지는 그 갸륵한 정성만은 간절하다. 얼핏 고귀함마저 엿보인다. 물론 이 같은 기복행위(祈福行爲)가 바람직스러운 것은 아니다. 사찰에서도 이런 행위를 부추기기보다는 부처님 말씀에 귀를 기울이도록 이끌어야 한다. 하지만 하루하루가 각박한 평범한 중생들로서는 딱히 다른 방법이 없음을 우리는 알고 있다.

발길을 돌려 조금 더 올라가니 동물머리에 사람의 몸을 형상화 해놓은 십이지신상(十二支神像)이 양옆으로 늘어서 있다. 그 십이지신상 앞에서도 많은 사람들이 서서 각자 자신의 띠에 해당하는 신상에 머리를 조아리며 빌고 있다. 사찰에 십이지신상이 설치되어 있는 것은 흔치 않은 일이어서 불암사의 동물형상(動物形狀)은 특별히 눈길을 끈다.

조금 더 올라가니 사찰 끝머리에 깎아지른 커다란 암벽이 있다. 그 암벽에는 매우 정교하고 섬세하게 조각한 마애삼존불(磨崖三尊佛)이 모셔져 있다. 1973년에 태정스님이 24년간 주지로 있으면서 심혈을 기울여 조성했다고 한다. 삼존불(三尊佛) 중 가운데 주불은 '아미타불'이고 양 옆으로 협시보살인 '관세음보살'과 '대세지보살'이 서로 대칭을 이루며 절묘하게 배치되어 있다. 마애삼존불은 이 같이 배치하는 것이 원칙이라 한다. 불암사에 올 때마다 매번 보게 되는데 언제나 경이롭고 신비스러움이 느껴진다. 아마도 이 마애삼존불도 불암사라는 명칭에 일조하지 않았나 하는 생각도 든다.

마애삼존불 아래에는 촛불을 밝히는 제단이 마련되어 있다. 그곳에는 수백 개가 넘는 촛불들이 밝혀져 있다. 커다란 양초에 많은 사람들의 이름과 생년월일 주소 등이 빼곡하게 적혀 있다. 그 제단 아래에서도 많은 중생들이 마애삼존불과 촛불을 향해 합장배례를 행하며 발원을 하고 있다. 쌀쌀한 날씨에도 아랑곳하지 않는다. 차가운 돌 위에 엎드려 일어날 줄을 모른다.

나는 마애삼존불을 향해 합장하고 되돌아 내려왔다. 그런데 칠성각 앞에서 걸음을 멈추었다. 칠성각(七星閣)에는 불자들이 공양물을 들고 수시로 드나들고 있는데 어느 보살님 한 분이 사람들이 들어가며 벗어놓은 신발을 나올 때 신기 편하도록 신발을 가지런히 돌려놓는 것이었다. 한참을 지켜보았는데 추운 날씨임에도 아랑곳하지 않고 문 앞에 서서 그 일을 계속 반복하고 있었다.

남들이 신고 온 지저분한 갖가지 신발들을 맨손으로 그리 하기란 쉬운 일이 아닐 것인데 매우 즐거운 표정으로 그 일에 열중하고 있었다. 더구나 전염병이 창궐하고 있는 이 엄혹한 시점이 아닌가. 나는 이타행(利他行)을 몸소 실천하는 그 분의 일거수일투족을 바라보며 저분이 부처구나 하는 생각을 했다. 치성을 드리고 나오는 사람들이 신발을 신으며 어떤 느낌이 들까 생각하니 온몸에 감동의 전율이 느껴지는 듯 했다.

정오쯤 되자 대웅전 법회가 끝나고 많은 사람들이 몰려나오기 시작했다. 손에는 저마다 무슨 책자 같은 것을 들고 동편 문으로 쏟아져 나온다. 밖으로 나온 불자들은 각자 그것을 머리에 이고 한 줄로 서서 대웅전 뒤 안으로 돌아가더니 주지스님의 인도 아래 탑돌이를 시작한다. 염불과 함께 한참 동안 탑을 돈 후에 그 책자들을 각종 발원지를 매달은 달집과 함께 완전히 소각했다. 불이 타오를 때마다 모두가 하나같이 두 손 모아 기도하며 소원을 빌고 있었다. 이 탑돌이 행사를 끝으로 오늘 입춘(立春) 법회는 마무리 되었다. 법회에 참여했던 불자들은 모두가 만족스런 표정을 지으며 점심을 들기 위해 공양실로 향했다. 나도 점심공양을 위해 따라갔다. 그곳에서도 역시 많은 보살님들이 나와서 자원봉사를 하고 있었다. 그 분들께 고마움을 느끼며 아내와 함께 산채비빔밥을 감사한 마음으로 달게 먹었다.

모든 일정을 마치고 불암사를 떠나 산에서 내려오면서 오늘도 사찰을 찾은 것을 참 잘했다고 생각했다. 전대미문의 바이러스 질병 때문에 잠시 우려했던 불안감 역시 말끔히 해소되었을 뿐만 아니라 좋은 장소에서 좋은 사람들과 어울려 좋은 법문을 듣고 좋은 음식을 먹었으니 어찌 행복하지 않겠는가. 지금처럼 각박한 세태와 날이 갈수록 경쟁으로만 치닫고 있는 다변화된 사회를 살아가는 중생들에게 종교와 성직자들의 길잡이 역할이 그 어느 때보다 중요하다는 생각을 떨쳐버릴 수 없었다. 그러나 현실은 그리 녹록치 않은 방향으로 흐르고 있어 안타까운 생각이 들었다. 지금 세계 각국의 종교는 쇠퇴일로(衰退一路)에 있지 않은가. 세계 어떠한 종파라 할 것 없이 심각한 위기에 봉착해 있는 것은 주지의 사실이다. 한국의 종교계 역시 예외가 아니다. 자타가 우려할 정도로 많은 내외적 문제점을 안고 있다.

첫째, 신도 수가 눈에 띄게 줄어들고 있고 성직에 입문하려는 사람도 해가 갈수록 줄어들고 있는 추세다. 이는 어떤 종교이건 마찬가지 현상이다. 이 문제에 대해 하소연하는 종교인들을 흔히 만날 수 있다. 실제로 길을 가다 보면 신도 수를 늘리기 위한 방편으로 각 종파마다 갖가지 방법으로 눈물겨운 노력을 기울이고 있는 것을 쉽게 볼 수 있다. 하지만 대중들의 반응은 결코 호의적이지 않은 것 같다. 특히 청소년들은 냉담함을 넘어 무관심(無關心) 그 자체다. 이 문제를 해결하려면 먼저 왜 이 같은 현상이 나타났는지에 대한 성찰이 있어야 할 것이다. 어떻게 보면 이 같은 현상은 당연한 자업자득(自業自得)의 결과라 할 수 있다. 종교가 방향성을 잃고 표류하면서 대중들의 신뢰를 잃었고 종교 집단들 또한 오랫동안 내면의 수행보다 외연의 확장에 매달리면서 윤리적으로 결핍된 모습을 보였기 때문이다. 대중들이 종교를 통해 마음의 안정과 정신적 위안을 얻지 못하였기 때문에 필연적으로 나타난 현상이다.

둘째, 예전에 비해 전 국민이 존경하며 믿고 따를 수 있는 걸출한 종교 지도자가 보이지 않는다. 이 또한 참으로 안타깝고 불행한 일이다. 날이 갈수록 안정과 평화보다 경쟁과 탐욕이 판을 치는 혼탁한 세상에 길잡이가 되어줄 스승이 없다는 것은 결코 바람직한 현상이 아니다. 훌륭한 종교 지도자 한 사람은 존재 그 자체만으로도 국민들의 안식처가 되고 그의 말 한 마디만으로도 커다란 위안을 얻고 정신적 치유와 함께 소통과 화합의 파장을 일으키게 된다. 그러기 때문에 훌륭한 종교지도자는 국가나 사회전반에 미치는 영향 또한 다대하다. 그런데 안타깝게도 요 근래 우리에게는 종교, 이념, 정파를 초월해 존경받는 종교 지도자가 보이지 않는다. 그 것은 종교지도자들이 본연의 책무에 소홀했기 때문에 생긴 현상이다. 종교지도자라고 자처하는 사람들이 진리구현이나 사회구제에 대한 고민보다 파벌싸움이나 막말 등, 지나치게 세속화 되고 정략적으로 비쳐지는 경향이 국민들 눈에 포착되었기 때문이다.

셋째, 여타 종교도 마찬가지지만 오랜 전통의 민족종교인 불교 역시 뼈를 깎는 혁신이 필요한 시점이다. 대중들이 종교를 신뢰하지 못하고 멀어져 가고 있는 근원부터 파악해 보아야 한다. 무관심과 무기력에 빠진 청소년과 중·장년층 신도들을 부처님의 품안으로 다시 돌아오게 하려면 그에 상응하는 노력이 수반되어야 한다. 그러자면 우선 신뢰회복이 급선무다. 또한 급변하는 시대의 흐름에 맞춰 그들의 갈등과 고민이 무엇인지 눈높이부터 조절하고 조율해야 한다. 사회가 불안정하고 혼탁해질수록 중생들은 방황하게 되고 의지처(依支處)가 필요하다. 불교가 대중들이 의지처가 될 수 있고 미래를 꿈꾸고 설계할 수 있는 정신적 지주역할을 할 수 있어야 한다. 종단부터 과감한 개혁적 변화를 선언하고 솔선수범해야 한다. 각 사찰들 역시 기복행위 대신 부처님의 가르침에 정진하는 진리구현과 이타행(利他行) 실천에 앞장서야 한다. 파사현정(破邪顯正)의 불타정신을 되살려 종단의 불화나 종권다툼 같은 추악한 일들이 다시는 재현되거나 표출되지 않도록 삼가고 또 삼가야 할 것이다.

경자년(2020년) 4.15총선이 남긴 과제

2020. 04. 20

21대 국회의원을 뽑는 4.15 총선이 마무리 되었다. 집권여당인 더불어민주당의 완승, 제1야당인 미래통합당의 참패였다. 정의당을 비롯한 군소정당들은 모두 빈사상태에 놓였다. 좀 더 들여다보면 총 300개의 의석 중 민주(163)·시민(17)당 180석, 제1야당인 통합(84)·한국(19)당 103석, 정의당 6석, 국민의당 3석, 열린민주당 3석, 무소속 5석의 분포를 보였다. 이 같은 수치는 정당들도 언론들도 심지어 선거에 참여한 국민들마저도 전혀 예상치 못한 결과였다.

여당에게는 개헌을 제외하고는 모든 걸 합법적(合法的)으로 처리할 수 있는 권한을 부여했다. 그야말로 과거에 보기 드문 슈퍼정당이 탄생한 것이다. 반면에 야당들에게는 준엄하고 혹독한 매서운 회초리를 들었다. 사실 이번 총선은 실시하기 전부터 세계의 이목을 끌었다. '코로나19'라는 무서운 감염에 대한 불안을 동반한 결코 녹록치 않은 선거였기 때문이다.

일찍이 경험하지 못한 미증유의 재난을 맞아 세계 50여 개 나라가 선거를 유예하거나 아예 포기한 상태였다. 유독 대한민국(大韓民國)만이 이 모든 위험을 무릅쓰고 국민과 정부가 의기투합해 승부수를 띄웠다. 결과는 성공적이었다. 무려 2,900만 명에 달하는 유권자가 대이동을 감행하며 투표를 했고 1만 명이 넘는 자가격리자(11,151명)까지 세심하게 배려해 소중한 한 표를 행사케 했다. 이러한 전국적인 행사를 치르고도 선거가 끝난 후 확진자 0이라는 기적을 창출해냈다.

선거방역에 대한 당국의 치밀한 사전준비(事前準備)와 방역수칙(防疫守則)을 철저히 지킨 국민들의 자발적 참여덕분이었다. 더 놀라운 사실은 이처럼 초긴장 속에 치러진 어려운 선거였음에도 66.2%(29,126,396명)라는 가공할 투표율을 보여준 것이다. 이것은 1992년 14대 총선 이후 28년 만에 가장 높은 투표율이다. 한국의 유권자들은 참으로 위대했다. 어려움 속에서도 무서운 돌파력과 응집력을 보여주었다. 참정권과 건강권 두 마리 토끼를 모두 수확해냈다. 민주시민(民主市民)의 완전한 승리였다. 당연히 세계인들의 선망의 대상이 되었고 재난선거의 모범사례라는 기록까지 세웠다.

이번 4.15총선은 예전과는 달리 좀 특별한 선거였다. 하나는 국가적 재난 속에 치러진 것이고 다른 하나는 선거권자(選擧權者)의 연령이 처음으로 19세에서 18세로 낮춰짐에 따라 총유권자가 4,399만 명에 달하는 예전에 비해 규모가 커진 선거였다. 또 연동형 비례대표제에 고무되어 우후죽순(雨後竹筍)처럼 생겨난 비례정당(35개)으로 인해 투표용지가 무려 48.1cm나 되었다. 전자개표가 어려워 개표를 수작업으로 하는 번거로움을 감내하기도 했다. 이틀간 치러진 사전투표에서도 투표율 26.69%로 사상 최고치를 기록했다. 1천만 명이 투표에 참여함으로써 투표율 제고에 기여했다. 가히 '선거혁명' '유권자혁명' 이란 수식어가 붙을 만했다. 내로라하는 많은 선거전문가들조차 전혀 예상치 못한 일이었다. 역대 최악의 무능하고 무책임한 정치권에 대한 국민들의 대반격이었다.

또 한 가지 특이한 점은 대통령 임기 중에 실시되는 선거는 보통 대통령과 정부의 국정 전반에 대한 중간평가(中間評價)를 겸하게 된다. 따라서 여당에게 불리하게 작용한다는 것이 통설로 되어 있다. 그러나 이번 선거는 달랐다. '정권심판'은 사라지고 '야당심판'이라는 초유의 일이 벌어졌다. 이는 한 마디로 국민들의 표심(票心)이 여당의 실정(失政)보다는 야당에 대한 응징(膺懲)에 무게가 실린 것으로 보아야 한다.

야당들이 20대 국회에서 보여준 행태와 선거운동기간 중에 있었던 혼란스런 모습들이 국민들에게 실망감을 안겨주어 대안세력으로서의 믿음을 상실한 결과였다. 국회를 난장판으로 만든 패스트 트랙 파동, 명분 없는 장외투쟁(場外鬪爭)으로 빈번한 국정 발목잡기, 거듭된 선거 패배에도 변화 대신 계파싸움으로 인한 이합집산, 소위 태극기 부대라 칭하는 극우세력들과의 야합, 원칙이 실종된 공천파동, 연달아 터진 상식 이하의 막말들, 꼼수 비례위성정당으로 연동형 비례대표제의 취지를 퇴색시킨 점, 선대위원장으로 영입한 김종인과 황교안 대표 두 쌍두마차의 불협화음(不協和音) 등 수많은 요인들이 국민들에게 염증(厭症)을 느끼게 했다.

여기에다 '코로나19'가 정부의 재난관리와 방역대처능력의 우수성만 외신을 통해 연일 부각된 반면 국제외교문제, 경제문제, 지역감정을 포함한 대북이슈나 조국이슈 같은 여당에게 불리하고 야당에게 유리한 요소들은 모조리 삼켜버리고 말았다. 그래서 이번 선거가 여당이 아닌 문재인의 승리라는 말이 나오는 이유다.

그렇다면 여당압승 야당참패로 끝난 4.15총선이 남긴 과제는 과연 무엇인가. 한 마디로 말하면 이제 정쟁(政爭) 대신 일하는 민생(民生)국회를 만들라는 국민들의 명령으로 요약할 수 있다. 여당에게는 소신껏 일할 수 있는 힘을 주는 대신 국정에 대한 무한책임의 의무를, 야당에게는 무조건 반대만을 일삼는 폐습에서 벗어나 환골탈태(換骨奪胎)를 하라고 촉구하고 있는 것이다. 6월 개원을 앞둔 21대 국회의 성패(成敗)는 바로 여기에 달렸다. 국민들은 여야 모두에게 고도의 정치력 발휘를 요구하고 있는 셈이다.

그럴 수밖에 없는 것이 민주당과 통합당 거대 여야가 차지한 의석 점유율은 무려 94.3%나 된다. 진보정당을 포함한 제3세력의 소멸로 인해 다양한 목소리와 갈등 조정의 고리가 사라져 정치 양극화가 심화될 수 있다는 우려가 나올 수밖에 없다. 특히 180석 거대 여당의 책임은 실로 막중해졌다. 이제 공은 오롯이 여당인 민주당에게 넘겨져 있는 것이다. 청산하고 개혁해야 할 과제가 산처럼 쌓여 있다 해도 너무 서두르거나 지나친 욕심을 부려서는 안 된다.

21대 국회는 민주당 중심의 양당제 국회가 될 확률이 커졌다. 민주당은 자칫 거대여당의 독선으로 흘러갈 수 있음을 항상 경계해야 한다. 개헌(改憲)을 비롯한 토론이 필요한 주요쟁점법안(主要爭點法案)들마저 무더기로 통과시키려는 유혹에서 벗어나 야당과의 타협(妥協)의 묘미(妙味)를 살려야 한다. 야당의 극단적 저항은 또 다시 동물국회로 변질되는 우를 범할 수 있기 때문이다. 더구나 20대 대선과 지방선거를 눈앞에 두고 있는 시점이어서 더욱 그러하다.

21대 국회가 대화와 타협에 따른 선진 민생국회(民生國會)의 모습을 보여줄 것인지 아니면 당리당략에 매몰된 추태를 반복할 것인지 국민들은 냉철한 눈으로 지켜볼 것이다. 그 결과는 다음 선거에서 표심(票心)으로 나타날 것이다. 정치의 가장 큰 지침은 전략 전술이 아니라 국민들의 표심을 살피는 일이다. 어떤 경우에도 변하지 않는 원칙은 오직 국민들뿐이다. 우리 국민들 수준은 이미 기존 정치권을 뛰어넘은 지 오래다. 벌써 오래 전에 민중(民衆)이 정치를 견인하고 있다. 최상의 해결책(解決策)은 국민으로부터 나온다는 사실을 여야는 명심해야 할 것이다.

강대국의 완결은 한반도 통일이다

2020. 05. 25

우리에게 강대국(强大國)의 꿈은 허상(虛想)인가. 과연 꿈도 꿀 수 없는 것인가. 결론부터 말하면 그렇지가 않다. 결코 헛된 꿈이 아니다. 지금 우리는 이미 선진국을 넘어 강대국의 문턱에 다가서 있다. 마지막 남은 통일(統一)이라는 관문을 통과하면 완결되는 것이다.

지금까지 강대국이라 함은 대략 넓은 영토(領土)와 많은 인구(人口), 자본이 뒷받침 된 경제력(經濟力), 막강한 군사력(軍事力) 등으로 규정되어 왔다. 또한 인류역사는 이러한 요건을 갖춘 강대국들에 의해 좌우되어 왔다. 특히 지난 세기 이 같은 힘의 논리가 아무 제동장치 없이 국제사회를 지배했고 약소국의 운명이 그들의 손에 의해 결정되어 왔다.

그 중에서도 동아시아는 파란만장(波瀾萬丈)했다. 그리고 한반도는 그 소용돌이의 중심에 서있었다. 청일전쟁(淸日戰爭), 러일전쟁(露日戰爭), 중일전쟁(中日戰爭), 태평양전쟁(太平洋戰爭), 한국전쟁(韓國戰爭) 등이 잇따라 발발했고 그 가장 큰 피해는 고스란히 우리의 몫이었다. 일제 식민통치의 시작과

끝도 한반도의 분단도 결국 강대국들의 강압(强壓)과 농간(弄奸)에 의한 것이었다. 그 후유증 때문에 지금도 우리는 이념과 외교노선을 놓고 격렬한 논쟁과 갈등을 빚고 있는 것이다.

그러나 우리 국민들은 현명했다. 논쟁과 비판은 격렬했지만 거기에 매몰되지는 않았다. 대의를 위해서는 양보와 희생의 미덕을 발휘했으며 난관 극복에는 강인했다. 그 정신이 있었기에 참혹한 전쟁의 폐허를 딛고 오뚝이처럼 일어섰다.

전후 수많은 신생 독립국 중에서 산업화(産業化)와 민주화(民主化)를 모두 달성한 나라는 대한민국뿐이다. 최단기간에 최빈국이라는 오명을 씻어내고 개발도상국을 거쳐 준강대국으로 성장했다. 당당히 선진국 대열에 진입한 것이다. 외국 언론이나 학자들의 지적처럼 우리만 그 사실을 확실하게 인지하지 못하고 있었다.

단 한 번도 우리 스스로가 강대국(强大國)이라 말한 적도 없고 강대국의 꿈을 꾸어 본 적도 없다. 다만 지리적으로 초강대국들의 틈에 끼어 있어 시련과 고난을 겪고 있다고 '새우타령'만 되뇌고 있었다. 지금도 마찬가지다. 새우에서 이제 돌고래가 되었다고만 할 뿐 정작 우리가 큰 고래가 되겠다는 야심은 가질 생각조차 않는다.

우리의 힘으로는 강대국들을 이길 수 없다는 자조적 사고가 은연중 존재하고 있다. 이제는 그 같은 낡은 사고의 틀에서 벗어나야 한다. 그리고 당당하게 강대국으로 도약해야 한다. 세상은 시시각각 끊임없이 변하고 있다. 따라서 우리의 의식도 과감하게 변해야 한다.

이번에 '코로나19'라는 광풍이 몰아쳐 세계대전에 버금가는 지구촌 환란을 겪으면서 우리의 저력은 백일하에 드러났다. 강약(强弱)과 빈부귀천(貧富貴賤)을 가리지 않고 무차별 공격을 가해 온 전염병 위기가 우리의 잠자던 의식을 깨웠고 전 세계가 인정하는 선진강국으로 우뚝 서게 만들었다.

그동안 우리가 부지런히 따라가야 할 선망의 대상이었던 소위 초강대국이라는 나라들의 민낯과 베일에 가려져 있던 실상을 속속들이 알게 되었다. 미국, 일본, 영국, 러시아를 비롯한 유럽 전역이 미세한 바이러스 하나에 속절없이 무너져 허둥대는 모습을 우리는 똑똑히 목격했다.

그동안 그들의 정치적 투명성과 시민의식, 막강한 경제력과 군사력, 민주정치의 완벽한 시스템에 주눅들었던 우리에게 새로운 눈을 뜨게 하고 무한한 자신감을 심어주기에 충분했다. 세계가 입을 모아 대한민국(大韓民國)이야말로 진정한 선진국이란 찬사를 쏟아내고 있지 않은가. 발병 초기 우리나라를 걱정스러운 눈으로 바라보았던 그들이 이제는 부러움을 넘어 다급한 구원(救援)의 손길을 내밀고 있다. 성공적 'K방역'의 노하우와 사례를 공유해 달라는 요청이 쇄도하고 있는 것이다.

그러나 우리의 이 같은 위기대처능력(危機對處能力)은 하루아침에 갑자기 만들어진 것은 아니다. 우리에겐 수많은 고난과 시련 속에서 체득한 값진 경험이 농축되어 있었던 것이다. 어쩌면 어려움을 극복하는 일은 우리에겐 습관처럼 익숙해진 일인지도 모른다.

강대국들은 이 같은 경험에 매우 취약하다. 다른 나라를 침략(侵掠)하거나 지배(支配)한 적은 있으나 지배를 당한 경험이 별로 없기 때문에 재난이나 위기에 약할 수밖에 없다. 우리는 앞으로도 코로나보다 더 큰 위기가 닥친다 해도 능히 극복해 낼 것이다.

우리 민족은 세계 역사에서 가장 많은 900회가 넘는 외침을 경험했다. 그때마다 나라의 위기를 극복하기 위해 전 국민이 혼연일체(渾然一體)가 되었다. 과거 의병들의 활약은 말할 것도 없고 근세만 보더라도 일제에 맞선 국채보상운동(國債報償運動)을 비롯하여 4.19혁명, 5.18민주화운동, 6.10항쟁, IMF 외환위기, 태안기름유출사건, 최근에 있었던 고성화재사건, 촛불혁명에 이르기까지 나라가 위기에 처할 때마다 평범한 민초(民草)들의 자발적 희생정신은 끝없이 이어져 왔다.

이번 '코로나19' 재난 역시 긴 역사 속에서 터득한 우리의 공동체 의식과 각자의 주어진 역할을 스스로 일깨워 실행했을 뿐이다. 그렇다. 우리는 과거부터 해 오던 대로 최선을 다했을 뿐이다. 강대국들도 해결하지 못해 쩔쩔맸던 마스크 보급은 물론이고 공공시설 어디를 가나 손 소독제는 넘쳐났고 있어야 할 곳에 어김없이 비치되어 있었다.

여기에다 당국의 발 빠르고 치밀한 방역 선제조치(先制措置), 일선 공무원들의 휴일까지 반납하는 공인정신(公人精神), 질병과 사투를 벌이는 의료진들의 희생적 헌신과 노력, 준비된 우수한 보건의료시스템의 가동, 국민들의 일탈 없는 자발적 방역동참, 무려 45만 명에 달하는 자원봉사자들의 땀과 열정, 이 모든 것이 톱니바퀴처럼 돌아가며 빚어낸 결정체였다.

특히 그 중에서도 위험을 무릅쓴 의료진의 투혼과 자원봉사자의 활동은 세계가 감탄하고 있다. 그러나 우리는 이미 오래 전에 전국민의료보험제도가 확립되어 있었으며 자원봉사기본법을 제정했고 지자체마다 자원봉사센터가 설치되어 있었다. 이는 선진강국이라고 자부했던 나라들도 실행하지 못한 세계에서 흔치 않은 완벽한 사례이기에 위기에서 더욱 빛났던 것이다.

그뿐 아니라 긴박한 재난 속에서도 국민들의 사재기 하나 없었고 세계가 확산을 우려해 기피하거나 포기한 전국적 선거까지 거뜬히 치러냈다. 이것이 어찌 갑자기 생성된 기적이라 말할 수 있겠는가. 오랜 역사 속에서 축적된 지혜와 경험이 또 다시 세계를 놀라게 한 것이다.

우리는 여기에서 만족해서는 안 된다. 강대국으로 가는 발걸음을 멈추지 말아야 한다. 지금까지 해 온 것처럼 우리는 반드시 해낼 수 있다. 막연한 이상적 희망이나 기원이 아니다. 우리가 보유하고 있는 모든 통계지표(統計指標)들이 이를 확연히 증명해 주고 있다. 우리는 이미 정치적, 외교적, 경제적, 군사적, 문화적으로 세계를 선도하고 있다. 정치적으로 민주적이고 평화적인 수평적 정권교체가 완전히 뿌리를 내렸고 외교적으로 남북정상회담, 북미정상회담 등에서 보여준 한국의 주도적 역할이 세계의 이목을 집중시키고 있다.

경제면에서도 세계 10위권을 흔들림 없이 유지하고 있다. 1996년에 선진국들이 세계경제 질서와 협력을 논의하는 경제협력개발기구(OECD)에 가입해 도움을 받던 나라에서 도움을 주는 나라가 되었다. 2012년에는 20-50 클럽에 진입했으며 지난해인 2019년에는 마침내 세계에서 7번째로 30-50 클럽에 들었다. 명실 공히 선진국대열에 합류한 것이다. 군사적으로도 금년에 발표된 미국의 민간 평가사이트 '글로벌파이어파워(GFP)' 가 본 군사력 순위에서 한국은 세계 6위의 군사강국으로 당당하게 등극하였다.

한국은 이밖에도 대규모 각종 국제회의를 비롯해 올림픽과 월드컵 등 수많은 스포츠행사를 무리 없이 성공적으로 치러냈고 한류문화(韓流文化)는 이미 세계를 제패하며 거센 바람을 일으키고 있다. 그뿐 아니다. 이 모든 것을 떠받치고 있는 21세기 선진국의 필수요건인 인터넷과 반도체, 휴대폰을 비롯한 '소프트 파워' 역시 세계 제일의 강국이 된 지 오래다.

이제 남은 건 오직 통일이다. 우리가 통일을 이루게 되면 세계 138개국 중 미국, 독일, 일본 등 세 나라밖에 없는 30−80클럽이라는 초강대국(超强大國)에 도전하는 것도 가능하게 된다. 국민소득 3만 달러 인구 8천만이라는 초강대국(超强大國)의 모든 요건을 다 갖추게 되는 것이다. 강대국으로 가는 길, 지금이 바로 그 적기다. 때를 놓쳐서는 안 된다. 아무리 환경이 좋고 여건이 좋아도 때가 닥쳤을 때 변화를 수용하지 않으면 퇴보하고 도태되고 만다. 우리 국민들의 단결과 협력이 절실한 이유가 여기에 있다.

지금 세계질서는 빠르게 재편되고 있다. 미국과 중국의 신냉전은 극단으로 치닫고 있고 철옹성 같던 강대국들도 위기를 맞아 흔들리고 있다. 그 중에서도 초강대국(超强大國) 미국의 추락은 우리에게 시사하는 바가 크다. 이라크 침공 이후 군비에 재정을 너무 많이 쏟아 부은 나머지 경제가 급격히 추락한 데다 코로나로 인한 경기 침체가 심각한 지경에 이르렀다.

오죽 급했으면 한국과 같은 동맹국의 돈으로 자국의 패권을 유지하려는 무리수까지 두겠는가. 설상가상으로 트럼프가 미국우선의 고립주의(孤立主義)를 택하면서 세계 경찰국가(警察國家)로서의 위상마저 허물어졌다.

중국도 예외가 아니다. 너무 일찍 미국과의 패권경쟁에 나서면서 고전을 면치 못하고 있다. 일대일로를 통해 중국몽(中國夢)을 실현하려던 야심찬 계획에 제동이 걸렸다. 홍콩과 대만의 반발도 시진핑의 발목을 잡고 있다.

일본은 더 심하다. 아베 집권 이후 이미 박제되어 버린 군국주의 타령만 일삼다가 국내외적으로 신용도가 하락해 회복불능의 궁지에 몰리고 있다. 한국을 희생양 삼고 올림픽을 통해 만회하려 했으나 그것마저 좌절되고 말았다. 사필귀정(事必歸正)이다.

유럽연합(EU) 역시 마찬가지다. 영국의 탈퇴 등으로 균열이 심하게 요동치고 있다. 이제 우리도 자신감을 가져야 한다. 그동안 억눌렸던 저자세에서 하루빨리 벗어나야 한다. 미래를 향한 담대한 결정과 철저한 분석, 국익 우선의 실리외교(實利外交)를 통해 강대국들의 그늘에서 탈피해야 한다.

미래를 예측하는 탁월한 식견을 지닌 세계 최대의 투자자 '짐 로저스' 도 이제 세계는 한반도를 주목해야 한다고 누누이 강조하고 있다. 한국은 앞으로 무서운 속도로 발전할 수 있는 유일한 나라이며 20년 내에 세계 최고의 강대국이 될 것이라고 단언했다. 한반도가 통일이 된다면 나는 주저 없이 가족과 함께 한국에서 살고 싶다고도 했다.

세계 굴지의 투자회사인 '골드만삭스' 도 2050년이 되면 한국의 국민 1인당 GDP가 8만불이 넘는 '초강대국' 이 되어 있을 것이라고 내다봤다.

이처럼 한국은 주목받는 나라가 되었다. 2019년 일본이 한국에 대해 수출규제조치를 발표했을 무렵 강대국들이 일제히 한국 때리기에 나선 적이 있었다. 그때 일본의 저명한 학자이자 사회운동가인 와다 하루키는 이들을 향해 매우 어리석은 짓이라고 했다. 아베정부에게는 일본의 한국 적대정책은 일본의 종말을 의미한다고까지 혹평했다.

그 외에도 수많은 주요 외신들도 한반도의 무한한 잠재력을 조금도 의심치 않는다. 물론 이들 모두가 한반도 통일을 전제로 한 것임은 두 말할 필요도 없다. 우리나라가 강대국이 되는 길은 첫째가 국민의 단합이요, 둘째가 저출산을 해결하는 것이고, 마지막 완결은 바로 한반도 통일이다. 통일이야말로 우리가 강대국을 넘어 '초강대국(超强大國)'으로 가는 지름길임을 한시라도 잊지 말아야 할 것이다.

대한민국 20대 대선(大選)을 보는 시각

2022. 01. 25

2022년, 인류 최대의 재난이라 할 만한 코로나 정국에서 대한민국 20대 대통령선거전이 한창이다. 그러나 이를 바라보는 국민들의 시선은 우려를 넘어 실망에 가깝다. 그것은 이번 대선이 유독 후보들에 대한 기대나 설렘이 없고 국민들의 정서를 외면한 정치권만의 잔치로 전락했기 때문이다. 초대형 재난으로 인해 국민들의 생활 근간이 흔들리고 국제정세가 대전환기에 접어들면서 향후 5년, 5000만 국민의 삶과 나라의 명운이 걸린 대선(大選)이건만 국민들에게 희망보다는 또 다시 좌절을 안겨주고 있다.

차기 정부 국정 운영에 대한 큰 그림과 이를 실행할 방안 제시는 빈약하고 녹취록이나 음성파일 공개 등 상대방 흠집 내기에만 열을 올리고 있으니 그럴 수밖에 없다. '기후변화'와 '재난극복'과 같은 미래에 대한 고민이나 '평화통일'과 '민족번영'이라는 대명제는 아예 실종되었고, '여민동락' '소통화합'과 같은 정치의 기본개념조차도 혼미한 지경에 이르렀다.

국민들의 뜻과는 달리 날이 갈수록 후보자 본인과 가족, 측근을 둘러싼 갖가지 의혹제기와 곁가지 네거티브 공방만 치열하게 전개될 뿐이다. 국민들에게 절실한 민생경제 살리기, 적폐청산을 위한 권력구조개편, 심각한 청년실업 해소와 출산율 제고 방안, 빈부양극화와 안전문제 같은 긴박하고 중요한 문제들은 뒷전으로 밀리고 있다.

후보들의 공약에도 신뢰와 감동이 없고 차별성도 눈에 띄지 않는다. 미래지향적 비전이나 후보별 핵심공약은 보이지 않고 믿거나 말거나 실행이 의심되는 천문학적 자금이 소요되는 선심성 공약만 남발하고 있다. 당연히 후보자에 대한 평가는 박할 수밖에 없고 유권자들은 정치 불신과 함께 최선(最善)의 후보가 아니라 차악(次惡)의 후보를 선택해야 하는 고민만 깊어지고 있다.

각종 여론조사기관에서 발표하는 후보들의 선호도 역시 이를 확연히 뒷받침하고 있다. 거대 양당의 유력후보들조차 40%대 벽을 좀처럼 넘지 못하고 정체상태에 머물며 시종 그 선에서 오락가락하고 있다. 그것도 정책의 선호도에 따른 변화가 아니라 비리나 스캔들 같은 폭로성 사안에 따라 엎치락뒤치락하고 있다. 어느 후보도 국민들의 전폭적인 지지를 받지 못하고 있다는 방증이다.

21세기에 걸맞는 개혁적이고 미래지향적인 큰 정치가 아니라 치졸하고 구태의연(舊態依然)한 정치를 답습하기에 그렇다. 국민들의 정치권에 대한 불신과 냉소적 시각은 어제 오늘의 일이 아니지만 이번 선거에서도 좀처럼 변할 기미가 보이지 않는다. 국민들은 정치권이 변화를 거쳐 선진국 문턱을 넘을 수 있게 되기를 간절히 바라고 있는데 선거 때만 되면 정권재창출, 정권교체, 단일화와 같은 안일한 구호만 요란하고 국민 편 가르기와 상대방을 비난하는 소리만 진동한다.

선거전략 또한 유치하고 옹졸하다. 왜 TV정책토론을 양당후보만 고집하는가. 모든 후보가 함께 모여 치열하게 토론하고 경쟁하는 것이 상식적이고 공평 정당하지 않은가. 시작도 하기 전에 국민들의 알권리부터 차단하고 기울어진 운동장을 만들려고 하는가. 선관위나 언론들은 왜 침묵하는가. 국가의 미래를 위해 군소정당들의 정책까지도 수렴하는 아량은 정녕 없는 것인가. 마치 '모 아니면 도' 요, 승자독식의 '오징어게임' 을 보여주고 있는 것 같아 정치의 기본요체인 '소통과 화합' 이라는 말이 무색할 지경이다.

대선후보들과 각 당의 선거사령탑에서는 주권재민(主權在民)이라는 말의 의미를 다시 한 번 되새겨보기 바란다. 나그네의 외투를 벗긴 건 세찬 바람이 아니라 따뜻한 햇볕이었다는 이솝우화도 상기해 보기 바란다. 대통령이라는 직위는 반대자는 물론이고 적대자까지도 포용하고 통합해야 하는 자리다. 남은 선거운동기간이라도 백해무익한 흠집 내기 경쟁을 멈추고 대한민국이 나아갈 바를 놓고 치열하게 토론하는 양질의 정책경쟁을 하기 바란다.

각 후보와 정당들은 주권자인 국민들이 어쩔 수 없이 투표장에 나가는 것이 아니라 설레고 희망찬 마음으로 발걸음할 수 있도록 선거문화부터 환골탈태(換骨奪胎)하기 바란다. 더 이상 '귀환불능지점' 에 빠지기 전에 변화된 모습을 보여주기를 고대한다. 바른 정치는 선거에서 이기는 것만이 능사가 아니다. 선거 후에 닥쳐 올 결과까지 예측할 수 있는 혜안(慧眼)을 갖추어야 비로소 큰 정치요, 참된 정치인이라 할 수 있을 것이다.

새해 벽두부터 국제정세는 요동치고 있다. 세계경제도 하향곡선을 그리고 있다. 그 와중에 우리는 중요한 선거를 치르고 있는 것이다. 특별한 반전이나 비상상황이 아니라면 현재 각 당에서 선출된 후보들 중에서 대통령이 나올 것이고 그들의 통치력에 따라 대한민국의 장래가 좌우될 것이라 생각한다. 그만큼 이번 대선이 갖는 의미는 막중하다.

따라서 선출될 대통령의 책무 또한 크고 무거울 수밖에 없다. 국내문제도 일자리, 가계부채, 주거불안 등 수많은 난제가 쌓여있어 그야말로 초특단의 조치가 필요하고 날이 갈수록 가파르게 전개되고 있는 외교적 파고를 헤쳐 나갈 대외전략 역시 예측불허의 급박한 상황을 맞이하고 있다. 몇년째 이어지고 있는 미 · 중의 패권경쟁과 최근 격화되고 있는 미 · 러 갈등까지 더해지면서 한국의 외교적 경제적 부담은 더욱 커지고 있다. 한일관계도 평행선을 달리고 있고 북한의 연이은 미사일 발사와 '핵무력' 재개선언으로 남북관계, 북미관계 역시 최악의 상태로 치닫고 있다.

그런데 대선후보들의 정책에 이 같은 문제들에 대한 대응의지나 대외정책에 대한 원론적 언질조차 보이지 않는다. 득표에 유리한 국내의 소소한 이슈들만 골라서 경쟁하듯 내놓고 있다. 적어도 일국의 대통령 후보라면 득표 전략이나 선거 승리도 중요하지만 국가의 미래와 명운이 걸린 국제문제에 대한 경륜과 철학, 외교정책에 대한 소신도 눈치 볼 것 없이 국민들 앞에 당당하게 피력해야 할 것이다.

북한관련 안보이슈에 대한 대응과 전략, 한반도 평화체제를 이끌어낼 비전 제시, 미 · 중 사이에서 제기되는 전략적 선택에 대한 원칙, 일본과의 관계재정립문제, 러시아를 비롯한 세계 각국과의 관계개선 등 외교정책 전반에 대한 큰 그림 정도는 국민들에게 밝혀야 할 의무가 있다.

이제 선거일이 40여 일 남았다. 선거전도 갈수록 열기를 더할 것이고 토론회를 비롯해 국민들과 직간접으로 만날 수 있는 기회도 훨씬 많아질 것이다. 대선후보들 모두 심기일전(心機一轉)하여 역사적 소명의식을 가지고 국민들에게 희망과 신뢰를 심어주기 바란다.

부록

합의 선언문

7.4 남북공동성명 전문

최근 평양과 서울에서 남북관계를 개선하며 갈라진 조국을 통일하는 문제를 협의하기 위한 회담이 있었다.

서울의 이후락 중앙정보부장이 1972년 5월 2일부터 5월 5일까지 평양을 방문하여 평양의 김영주 조직지도부장과 회담을 진행하였으며, 김영주 부장을 대신한 박성철 제2부 수상이 1972년 5월 29일부터 6월 1일까지 서울을 방문하여 이후락 부장과 회담을 진행하였다.

이 회담들에서 쌍방은 조국의 평화적 통일을 하루빨리 가져와야 한다는 공통된 염원을 안고 허심탄회하게 의견을 교환하였으며 서로의 이해를 증진시키는 데서 큰 성과를 거두었다.

이 과정에서 쌍방은 오랫동안 서로 만나보지 못한 결과로 생긴 남북 사이의 오해와 불신을 풀고 긴장의 고조를 완화시키며 나아가서 조국통일을 촉진시키기 위하여 다음과 같은 문제들에 완전한 견해의 일치를 보았다.

1. 쌍방은 다음과 같은 조국통일원칙들에 합의를 보았다.

첫째, 통일은 외세에 의존하거나 외세의 간섭을 받음이 없이 자주적으로 해결하여야 한다.

둘째, 통일은 서로 상대방을 반대하는 무력행사에 의거하지 않고 평화적 방법으로 실현하여야 한다.

셋째, 사상과 이념·제도의 차이를 초월하여 우선 하나의 민족으로서 민족적 대단결을 도모하여야 한다.

2. 쌍방은 남북 사이의 긴장상태를 완화하고 신뢰의 분위기를 조성하기 위하여 서로 상대방을 중상 비방하지 않으며 크고 작은 것을 막론하고 무장도발을 하지 않으며 불의의 군사적 충돌사건을 방지하기 위한 적극적인 조치를 취하기로 합의하였다.

3. 쌍방은 끊어졌던 민족적 연계를 회복하며 서로의 이해를 증진시키고 자주적 평화통일을 촉진시키기 위하여 남북 사이에 다방면적인 제반교류를 실시하기로 합의하였다.

4. 쌍방은 지금 온 민족의 거대한 기대 속에 진행되고 있는 남북적십자회담이 하루빨리 성사되도록 적극 협조하는 데 합의하였다.

5. 쌍방은 돌발적 군사사고를 방지하고 남북 사이에 제기되는 문제들을 직접, 신속 정확히 처리하기 위하여 서울과 평양 사이에 상설 직통전화를 놓기로 합의하였다.

6. 쌍방은 이러한 합의사항을 추진시킴과 함께 남북 사이의 제반문제를 개선 해결하며 또 합의된 조국통일원칙에 기초하여 나라의 통일문제를 해결할 목적으로 이후락 부장과 김영주 부장을 공동위원장으로 하는 남북조절위원회를 구성·운영하기로 합의하였다.

7. 쌍방은 이상의 합의사항이 조국통일을 일일천추로 갈망하는 온 겨레의 한결같은 염원에 부합된다고 확신하면서 이 합의사항을 성실히 이행할

것을 온 민족 앞에 엄숙히 약속한다.

　서로 상부의 뜻을 받들어

이후락 김영주

1972년 7월 4일

6.15 남북공동선언문

조국의 평화적 통일을 염원하는 온 겨레의 숭고한 뜻에 따라 대한민국 김대중 대통령과 조선민주주의인민공화국 김정일 국방위원장은 2000년 6월 13일부터 6월 15일까지 평양에서 역사적인 상봉을 하였으며 정상회담을 가졌다.

남북 정상들은 분단 역사상 처음으로 열린 이번 상봉과 회담이 서로 이해를 증진시키고 남북관계를 발전시키며 평화통일을 실현하는 데 중대한 의의를 가진다고 평가하고 다음과 같이 선언한다.

1. 남과 북은 나라의 통일문제를 그 주인인 우리 민족끼리 서로 힘을 합쳐 자주적으로 해결해 나가기로 하였다.

2. 남과 북은 나라의 통일을 위한 남측의 연합 제안과 북측의 낮은 단계의 연방 제안이 서로 공통성이 있다고 인정하고 앞으로 이 방향에서 통일을 지향시켜 나가기로 하였다.

3. 남과 북은 올해 8.15에 즈음하여 흩어진 가족, 친척 방문단을 교환하

며 비전향 장기수 문제를 해결하는 등 인도적 문제를 조속히 풀어 나가기로 하였다.

4. 남과 북은 경제협력을 통하여 민족경제를 균형적으로 발전시키고 사회, 문화, 체육, 보건, 환경 등 제반 분야의 협력과 교류를 활성화하여 서로의 신뢰를 다져 나가기로 하였다.

5. 남과 북은 이상과 같은 합의사항을 조속히 실천에 옮기기 위하여 빠른 시일 안에 당국 사이의 대화를 개최하기로 하였다.

김대중 대통령은 김정일 국방위원장이 서울을 방문하도록 정중히 초청하였으며 김정일 국방위원장은 앞으로 적절한 시기에 서울을 방문하기로 하였다.

2000년 6월 15일

대한민국 대 통 령   조선민주주의인민공화국 국방위원장
김 대 중   김 정 일

10.4 남북공동선언문

1. 남과 북은 6.15 공동선언을 고수하고 적극 구현해 나간다. 남과 북은 '우리 민족끼리 정신'에 따라 통일문제를 자주적으로 해결해 나가며 민족의 존엄과 이익을 중시하고 모든 것을 이에 지향시켜 나가기로 하였다. 남과 북은 6.15 공동선언을 변함없이 이행해 나가려는 의지를 반영하여 6월 15일을 기념하는 방안을 강구하기로 하였다.

2. 남과 북은 사상과 제도의 차이를 초월하여 남북관계를 상호존중과 신뢰관계로 확고히 전환시켜 나가기로 하였다. 남과 북은 내부문제에 간섭하지 않으며 남북관계 문제들을 화해와 협력, 통일에 부합되게 해결해 나가기로 하였다. 남과 북은 남북관계를 통일 지향적으로 발전시켜 나가기 위하여 각기 법률적 · 제도적 장치들을 정비해 나가기로 하였다. 남과 북은 남북관계 확대와 발전을 위한 문제들을 민족의 염원에 맞게 해결하기 위해 양측 의회 등 각 분야의 대화와 접촉을 적극 추진해 나가기로 하였다.

3. 남과 북은 군사적 적대관계를 종식시키고 한반도에서 긴장완화와 평화를 보장하기 위해 긴밀히 협력하기로 하였다. 남과 북은 서로 적대시하

지 않고 군사적 긴장을 완화하며 분쟁문제들을 대화와 협상을 통하여 해결하기로 하였다. 남과 북은 한반도에서 어떤 전쟁도 반대하며 불가침의 무를 확고히 준수하기로 하였다. 남과 북은 서해에서의 우발적 충돌방지를 위해 공동어로수역을 지정하고 이 수역을 평화수역으로 만들기 위한 방안과 각종 협력사업에 대한 군사적 보장조치 문제 등 군사적 신뢰구축 조치를 협의하기 위하여 남측 국방부 장관과 북측 인민무력부부장간 회담을 금년 11월중에 평양에서 개최하기로 하였다.

4. 남과 북은 현 정치체제를 종식시키고 항구적인 평화체제를 구축해 나가야 한다는 데 인식을 같이하고 직접 관련된 3자 또는 4자 정상들이 한반도지역에서 만나 종전을 선언하는 문제를 추진하기 위해 협력해 나가기로 하였다. 남과 북은 한반도 핵문제 해결을 위해 6자회담 '9.19공동성명' 과 '2.13합의' 가 순조롭게 이행되도록 공동으로 노력하기로 하였다.

5. 남과 북은 민족경제의 균형적 발전과 공동의 번영을 위해 경제협력사업을 공리공영과 유무상통의 원칙에서 적극 활성화하고 지속적으로 확대 발전시켜 나가기로 하였다. 남과 북은 경제협력을 위한 투자를 장려하고 기반시설 확충과 자원개발을 적극 추진하며 민족내부협력사업의 특수성에 맞게 각종 우대조건과 특혜를 우선적으로 부여하기로 하였다. 남과 북은 해주지역과 주변해역을 포괄하는 '서해평화협력특별지대' 를 설치하고 공동어로구역과 평화수역 설정, 경제특구건설과 해주항 활용, 민간선박의 해주직항로 통과, 한강하구 공동이용 등을 적극 추진해 나가기로 하였다. 남과 북은 개성공업지구 1단계 건설을 빠른 시일 안에 완공하고 2단계 개발에 착수하며 문산-봉동간 철도화물수송을 시작하고, 통행·통신·통관 문제를 비롯한 제반 제도적 보장조치들을 조속히 완비해 나가기로 하였다. 남과 북은 개성-신의주 철도와 개성-평양 고속도로를 공동으로 이용하기 위해 개보수 문제를 협의·추진해 가기로 하였다. 남과 북은 안

변과 남포에 조선협력단지를 건설하며 농업, 보건의료, 환경보호 등 여러 분야에서의 협력사업을 진행해 나가기로 하였다. 남과 북은 남북 경제협력사업의 원활한 추진을 위해 현재의 '남북경제협력추진위원회'를 부총리급 '남북경제협력공동위원회'로 격상하기로 하였다.

6. 남과 북은 민족의 유구한 역사와 우수한 문화를 빛내기 위해 역사, 언어, 교육, 과학기술, 문화예술, 체육 등 사회문화 분야의 교류와 협력을 발전시켜 나가기로 하였다. 남과 북은 백두산관광을 실시하며 이를 위해 백두산—서울 직항로를 개설하기로 하였다. 남과 북은 2008년 북경 올림픽 경기대회에 남북응원단이 경의선 열차를 처음으로 이용하여 참가하기로 하였다.

7. 남과 북은 인도주의 협력사업을 적극 추진해 나가기로 하였다. 남과 북은 흩어진 가족과 친척들의 상봉을 확대하며 영상 편지 교환사업을 추진하기로 하였다. 이를 위해 금강산면회소가 완공되는 데 따라 쌍방 대표를 상주시키고 흩어진 가족과 친척의 상봉을 상시적으로 진행하기로 하였다. 남과 북은 자연재해를 비롯하여 재난이 발생하는 경우 동포애와 인도주의, 상부상조의 원칙에 따라 적극 협력해 나가기로 하였다.

8. 남과 북은 국제무대에서 민족의 이익과 해외 동포들의 권리와 이익을 위한 협력을 강화해 나가기로 하였다. 남과 북은 이 선언의 이행을 위하여 남북총리회담을 개최하기로 하고, 제1차 회의를 금년 11월중 서울에서 갖기로 하였다. 남과 북은 남북관계 발전을 위해 정상들이 수시로 만나 현안 문제들을 협의하기로 하였다.

2007년 10월 4일

대한민국 대통령 노 무 현
조선민주주의인민공화국 국방위원장 김 정 일

4.27 판문점선언 전문

한반도의 평화와 번영, 통일을 위한 판문점 선언

대한민국 문재인 대통령과 조선민주주의인민공화국 김정은 국무위원장은 평화와 번영, 통일을 염원하는 온 겨레의 한결같은 지향을 담아 한반도에서 역사적인 전환이 일어나고 있는 뜻 깊은 시기에 2018년 4월 27일 판문점 평화의 집에서 남북정상회담을 진행하였다.

양 정상은 한반도에 더 이상 전쟁은 없을 것이며 새로운 평화의 시대가 열리었음을 8천만 우리 겨레와 전 세계에 엄숙히 천명하였다.

양 정상은 냉전의 산물인 오랜 분단과 대결을 하루 빨리 종식시키고 민족적 화해와 평화번영의 새로운 시대를 과감하게 일어나가며 남북관계를 보다 적극적으로 개선하고 발전시켜 나가야 한다는 확고한 의지를 담아 역사의 땅 판문점에서 다음과 같이 선언하였다.

1. 남과 북은 남북 관계의 전면적이며 획기적인 개선과 발전을 이룩함으로써 끊어진 민족의 혈맥을 잇고 공동번영과 자주통일의 미래를 앞당겨 나갈 것이다. 남북관계를 개선하고 발전시키는 것은 온 겨레의 한결같은

소망이며 더 이상 미룰 수 없는 시대의 절박한 요구이다.

① 남과 북은 우리 민족의 운명은 우리 스스로 결정한다는 민족 자주의 원칙을 확인하였으며 이미 채택된 남북 선언들과 모든 합의들을 철저히 이행함으로써 관계 개선과 발전의 전환적 국면을 열어나가기로 하였다.

② 남과 북은 고위급 회담을 비롯한 각 분야의 대화와 협상을 빠른 시일 안에 개최하여 정상회담에서 합의된 문제들을 실천하기 위한 적극적인 대책을 세워나가기로 하였다.

③ 남과 북은 당국 간 협의를 긴밀히 하고 민간교류와 협력을 원만히 보장하기 위하여 쌍방 당국자가 상주하는 남북공동연락사무소를 개성지역에 설치하기로 하였다.

④ 남과 북은 민족적 화해와 단합의 분위기를 고조시켜 나가기 위하여 각계각층의 다방면적인 협력과 교류 왕래와 접촉을 활성화하기로 하였다. 안으로는 6.15를 비롯하여 남과 북에 다 같이 의의가 있는 날들을 계기로 당국과 국회, 정당, 지방자치단체, 민간단체 등 각계각층이 참가하는 민족 공동행사를 적극 추진하여 화해와 협력의 분위기를 고조시키며, 밖으로는 2018년 아시아경기대회를 비롯한 국제경기들에 공동으로 진출하여 민족의 슬기와 재능, 단합된 모습을 전 세계에 과시하기로 하였다.

⑤ 남과 북은 민족 분단으로 발생된 인도적 문제를 시급히 해결하기 위하여 노력하며, 남북 적십자회담을 개최하여 이산가족·친척상봉을 비롯한 제반 문제들을 협의 해결해 나가기로 하였다. 당면하여 오는 8.15를 계기로 이산가족·친척 상봉을 진행하기로 하였다.

⑥ 남과 북은 민족경제의 균형적 발전과 공동번영을 이룩하기 위하여 10.4선언에서 합의된 사업들을 적극 추진해 나가며 1차적으로 동해선 및 경의선 철도와 도로들을 연결하고 현대화하여 활용하기 위한 실천적 대책들을 취해 나가기로 하였다.

2. 남과 북은 한반도에서 첨예한 군사적 긴장상태를 완화하고 전쟁 위험을 실질적으로 해소하기 위하여 공동으로 노력해 나갈 것이다.

① 남과 북은 지상과 해상, 공중을 비롯한 모든 공간에서 군사적 긴장과 충돌의 근원으로 되는 상대방에 대한 일체의 적대행위를 전면 중지하기로 하였다. 당면하여 5월 1일부터 군사분계선 일대에서 확성기 방송과 전단 살포를 비롯한 모든 적대 행위들을 중지하고 그 수단을 철폐하며 앞으로 비무장지대를 실질적인 평화지대로 만들어 나가기로 하였다.

② 남과 북은 서해 북방한계선 일대를 평화수역으로 만들어 우발적인 군사적 충돌을 방지하고 안전한 어로 활동을 보장하기 위한 실제적인 대책을 세워 나가기로 하였다.

③ 남과 북은 상호협력과 교류, 왕래와 접촉이 활성화 되는 데 따른 여러 가지 군사적 보장대책을 취하기로 하였다. 남과 북은 쌍방 사이에 제기되는 군사적 문제를 지체 없이 협의 해결하기 위하여 국방부장관회담을 비롯한 군사당국자회담을 자주 개최하며 5월 중에 먼저 장성급 군사회담을 열기로 하였다.

3. 남과 북은 한반도의 항구적이며 공고한 평화체제 구축을 위하여 적극 협력해 나갈 것이다. 한반도에서 비정상적인 현재의 정전상태를 종식시키고 확고한 평화체제를 수립하는 것은 더 이상 미룰 수 없는 역사적 과제이다.

① 남과 북은 그 어떤 형태의 무력도 서로 사용하지 않을 때 대한 불가침 합의를 재확인하고 엄격히 준수해 나가기로 하였다.

② 남과 북은 군사적 긴장이 해소되고 서로의 군사적 신뢰가 실질적으로 구축되는 데 따라 단계적으로 군축을 실현해 나가기로 하였다.

③ 남과 북은 정전협정체결 65년이 되는 올해에 종전을 선언하고 정전협

정을 평화협정으로 전환하며 항구적이고 공고한 평화체제 구축을 위한 남·북·미 3자 또는 남·북·미·중 4자회담 개최를 적극 추진해 나가기로 하였다.

④ 남과 북은 완전한 비핵화를 통해 핵 없는 한반도를 실현한다는 공동의 목표를 확인하였다. 남과 북은 북측이 취하고 있는 주동적인 조치들이 한반도 비핵화를 위해 대단히 의의 있고 중대한 조치라는 데 인식을 같이하고 앞으로 각기 자기의 책임과 역할을 다하기로 하였다. 남과 북은 한반도 비핵화를 위한 국제사회의 지지와 협력을 위해 적극 노력하기로 하였다.

양 정상은 정기적인 회담과 직통전화를 통하여 민족의 중대사를 수시로 진지하게 논의하고 신뢰를 굳건히 하며, 남북관계의 지속적인 발전과 한반도의 평화와 번영, 통일을 향한 좋은 흐름을 더욱 확대해 나가기 위하여 함께 노력하기로 하였다.

당면하여 문재인 대통령은 올해 가을 평양을 방문하기로 하였다.

2018년 4월 27일

판 문 점

대한민국대통령 대통령 문 재 인
조선민주인민공화국 국무위원회 위원장 김 정 은

9.19 평양공동선언 전문

    대한민국 문재인 대통령과 조선민주주의인민공화국 김정은 국무위원장은 2018년 9월 18일부터 20일까지 평양에서 남북정상회담을 진행하였다.

    양 정상은 역사적인 판문점선언 이후 남북 당국간 긴밀한 대화와 소통, 다방면적 민간교류와 협력이 진행되고, 군사적 긴장완화를 위한 획기적인 조치들이 취해지는 등 훌륭한 성과들이 있었다고 평가하였다.

    양 정상은 민족자주와 민족자결의 원칙을 재확인하고, 남북관계를 민족적 화해와 협력, 확고한 평화와 공동번영을 위해 일관되고 지속적으로 발전시켜 나가기로 하였으며, 현재의 남북관계 발전을 통일로 이어갈 것을 바라는 온 겨레의 지향과 여망을 정책적으로 실현하기 위하여 노력해 나가기로 하였다.

    양 정상은 판문점선언을 철저히 이행하여 남북관계를 새로운 높은 단계로 진전시켜 나가기 위한 제반 문제들과 실천적 대책들을 허심탄회하고 심도있게 논의하였으며, 이번 평양정상회담이 중요한 역사적 전기가 될 것이라는 데 인식을 같이하고 다음과 같이 선언하였다.

1. 남과 북은 비무장지대를 비롯한 대치지역에서의 군사적 적대관계 종식을 한반도 전 지역에서의 실질적인 전쟁위험 제거와 근본적인 적대관계 해소로 이어나가기로 하였다.

① 남과 북은 이번 평양정상회담을 계기로 체결한 「판문점선언 군사분야 이행합의서」를 평양공동선언의 부속합의서로 채택하고 이를 철저히 준수하고 성실히 이행하며, 한반도를 항구적인 평화지대로 만들기 위한 실천적 조치들을 적극 취해 나가기로 하였다.

② 남과 북은 남북군사공동위원회를 조속히 가동하여 군사분야 합의서의 이행실태를 점검하고 우발적 무력충돌 방지를 위한 상시적 소통과 긴밀한 협의를 진행하기로 하였다.

2. 남과 북은 상호호혜와 공리공영의 바탕 위에서 교류와 협력을 더욱 증대시키고, 민족경제를 균형적으로 발전시키기 위한 실질적인 대책들을 강구해 나가기로 하였다.

① 남과 북은 금년 내 동, 서해선 철도 및 도로 연결을 위한 착공식을 갖기로 하였다.

② 남과 북은 조건이 마련되는 데 따라 개성공단과 금강산관광 사업을 우선 정상화하고, 서해경제공동특구 및 동해관광공동특구를 조성하는 문제를 협의해 나가기로 하였다.

③ 남과 북은 자연생태계의 보호 및 복원을 위한 남북 환경협력을 적극 추진하기로 하였으며, 우선적으로 현재 진행 중인 산림분야 협력의 실천적 성과를 위해 노력하기로 하였다.

④ 남과 북은 전염성 질병의 유입 및 확산 방지를 위한 긴급조치를 비롯한 방역 및 보건 · 의료 분야의 협력을 강화하기로 하였다.

3. 남과 북은 이산가족 문제를 근본적으로 해결하기 위한 인도적 협력을 더욱 강화해 나가기로 하였다.

① 남과 북은 금강산 지역의 이산가족 상설면회소를 빠른 시일 내 개소하기로 하였으며, 이를 위해 면회소 시설을 조속히 복구하기로 하였다.

② 남과 북은 적십자 회담을 통해 이산가족의 화상상봉과 영상편지 교환 문제를 우선적으로 해결해 나가기로 하였다.

4. 남과 북은 화해와 단합의 분위기를 고조시키고 우리 민족의 기개를 내외에 과시하기 위해 다양한 분야의 협력과 교류를 적극 추진하기로 하였다.

① 남과 북은 문화 및 예술분야의 교류를 더욱 증진시켜 나가기로 하였으며, 우선적으로 10월 중에 평양예술단의 서울공연을 진행하기로 하였다.

② 남과 북은 2020년 하계올림픽경기대회를 비롯한 국제경기들에 공동으로 적극 진출하며, 2032년 하계올림픽의 남북공동 개최를 유치하는 데 협력하기로 하였다.

③ 남과 북은 10.4선언 11주년을 뜻 깊게 기념하기 위한 행사들을 의의있게 개최하며, 3.1운동 100주년을 남북이 공동으로 기념하기로 하고, 그를 위한 실무적인 방안을 협의해 나가기로 하였다.

5. 남과 북은 한반도를 핵무기와 핵위협이 없는 평화의 터전으로 만들어 나가야 하며 이를 위해 필요한 실질적인 진전을 조속히 이루어 나가야 한다는 데 인식을 같이하였다.

① 북측은 동창리 엔진시험장과 미사일 발사대를 유관국 전문가들의 참관 하에 우선 영구적으로 폐기하기로 하였다.

② 북측은 미국이 6.12 북미공동성명의 정신에 따라 상응조치를 취하면 영변 핵시설의 영구적 폐기와 같은 추가적인 조치를 계속 취해 나갈 용의가 있음을 표명하였다.

③ 남과 북은 한반도의 완전한 비핵화를 추진해 나가는 과정에서 함께 긴밀히 협력해 나가기로 하였다.

6. 김정은 국무위원장은 문재인 대통령의 초청에 따라 가까운 시일 내로 서울을 방문하기로 하였다.

2018년 9월 19일

싱가포르 북미정상회담 공동성명

　도널드 트럼프 미국 대통령과 김정은 조선민주주의인민공화국 국무위원장은 2018년 6월 12일 싱가포르에서 역사적인 첫 정상회담을 개최했다.

　트럼프 대통령과 김정은 위원장은 미국과 조선민주주의인민공화국의 새로운 관계 수립과 한반도의 지속적이고 견고한 평화체제 구축과 관련한 사안들을 주제로 포괄적이고 심층적이며 진지한 방식으로 의견을 교환했다. 트럼프 대통령은 조선민주주의인민공화국의 안전보장을 제공하기로 약속했고, 김정은 위원장은 한반도의 완전한 비핵화를 향한 흔들리지 않는 확고한 약속을 재확인했다.

　새로운 북미관계를 수립하는 것이 한반도와 세계의 평화, 번영에 이바지할 것이라는 점을 확신하고, 상호신뢰를 구축하는 것이 한반도 비핵화를 증진할 수 있다고 인정하면서 트럼프 대통령과 김 위원장은 아래와 같은 합의사항을 선언한다.

　1. 미국과 조선민주주의인민공화국은 평화와 번영을 위한 양국 국민의

바람에 맞춰 미국과 조선민주주의인민공화국의 새로운 관계를 수립하기로 약속한다.

2. 양국은 한반도의 지속적이고 안정적인 평화체제를 구축하기 위해 함께 노력한다.

3. 2018년 4월 27일 판문점 선언을 재확인하며, 조선민주주의인민공화국은 한반도의 완전한 비핵화를 향해 노력할 것을 약속한다.

4. 미국과 조선민주주의인민공화국은 신원이 이미 확인된 전쟁포로, 전쟁 실종자들의 유해를 즉각 송환하는 것을 포함해 전쟁포로, 전쟁실종자들의 유해 수습을 약속한다.

역사상 처음으로 이뤄진 북미정상회담이 거대한 중요성을 지닌 획기적인 사건이라는 점을 확인하고, 북미 간 수십 년의 긴장과 적대행위를 극복하면서 새로운 미래를 열어나가기 위해 트럼프 대통령과 김 위원장은 공동성명에 적시된 사항들을 완전하고 신속하게 이행할 것을 약속한다. 미국과 조선민주주의인민공화국은 북미정상회담의 결과를 이행하기 위해 마이크 폼페이오 미국 국무장관, 관련한 조선민주주의인민공화국 고위급 관리가 주도하는 후속 협상을 가능한 한 가장 이른 시일에 개최하기로 약속한다.

도널드 트럼프 미합중국 대통령과 김정은 조선민주주의인민공화국 국무위원장은 북미관계의 발전, 한반도와 세계의 평화, 번영, 안전을 위해 협력할 것을 약속했다.

2018년 6월 12일

싱가포르 센토사 섬에서

트럼프 · 김정은, 북미정상회담 공동합의문에 서명

평화질설

∙

지은이 / 태종호
발행인 / 김영란
발행처 / 한누리미디어
디자인 / 지선숙

∙

08303, 서울시 구로구 구로중앙로18길 40, 2층(구로동)
전화 / (02)379-4514, 379-4519
Fax / (02)379-4516
E-mail/hannury2003@hanmail.net

∙

신고번호 / 제 25100-2016-000025호
신고연월일 / 2016. 4. 11
등록일 / 1993. 11. 4

∙

초판발행일 / 2024년 1월 2일

∙

ⓒ 2024 태종호 Printed in KOREA

∙

값 18,000원

∙

※잘못된 책은 바꿔드립니다.
※저자와의 협약으로 인지는 생략합니다.

∙

ISBN 978-89-7969-882-4   03390